筑工程造价控制
与管理研究

孟东秋 ◎著

图书在版编目（CIP）数据

建筑工程造价控制与管理研究 / 孟东秋著. -- 北京：中国商务出版社，2022.10
ISBN 978-7-5103-4443-5

Ⅰ. ①建… Ⅱ. ①孟… Ⅲ. ①建筑工程－工程造价控制－研究②建筑造价管理－研究 Ⅳ. ①TU723.3

中国版本图书馆CIP数据核字(2022)第179569号

建筑工程造价控制与管理研究

JIANZHU GONGCHENG ZAOJIA KONGZHI YU GUANLI YANJIU

孟东秋　著

出　　版：中国商务出版社
地　　址：北京市东城区安外东后巷28号　　邮　编
责任部门：外语事业部（010-64283818）
责任编辑：李自满
直销客服：010-64283818
总 发 行：中国商务出版社发行部　（01
网购零售：中国商务出版社淘宝店　（
网　　址：http://www.cctpress.c
网　　店：https://shop162373
邮　　箱：347675974@qq.com
印　　刷：北京四海锦诚印
开　　本：787毫米×1092
印　　张：12.75
版　　次：2023年5月第1版
书　　号：ISBN 978-7-51
定　　价：72.00元

建

编：100710

0-64208388　64515150）

010-64286917）

com

850. taobao. com

n

刷技术有限公司

毫米　1/16

字　数：263千字

印　次：2023年5月第1次印刷

03-4443-5

前言

工程造价控制的含义是在批准的工程造价限额以内，对工程建设前期可行性研究、投资决策，到设计施工，再到竣工交付使用前所需全部建设费用的确定、控制、监督和管理，随时纠正发生的偏差，保证项目投资目标的实现，以求在各个建设项目中能够合理地使用人力、物力、财力，以取得较好的投资效益，最终实现竣工决算控制在审定的概算额内。工程造价控制始终贯穿整个工程项目建设，在工程项目建设中具有十分重要的作用和地位。

随着现代社会经济的发展和物质文化生活水平的提高，人们一方面对工程项目的功能和质量要求越来越高，另一方面又期望工程项目建设投资尽可能少、效益尽可能好。本书以建筑工程造价管理相关理论作为基础支撑，对工程造价中的工程费用展开分析，并对建筑工程造价进行审核，最后为了推动建筑工程造价实现更高的社会经济效益，从计算机在建筑工程造价中的应用进行了创新；重点从建筑工程的设计、施工以及竣工的工程造价管理方面进行了阐述，旨在保证建筑工程造价控制管理在各方面的实施和运用。全书内容丰富、结构严谨，叙述深入浅出，语言通俗易懂，方便读者理解和掌握。

由于本书编者水平有限，加之时间紧迫，难免存在不足之处，敬请专家、学者和同行不吝赐教，批评指正，并希望广大读者提出宝贵的意见和建议，以期今后再版时改进，从而更好地满足广大读者的要求。

目录

第一章 建筑工程造价管理基础理论

第一节 工程造价概述

一、工程造价的含义

工程造价本质上属于价格范畴，通常是指工程建设预计或实际支出的费用，在市场经济条件下，由于所处的角度不同，工程造价有不同的含义。

（一）广义的工程造价

广义的工程造价是从投资者或业主的角度而言，建设一项工程预期开支或实际开支的全部固定资产投资费用，是建设项目的建设成本，包括从项目的决策开始到项目交付使用为止，完成一个工程项目建设所需费用的总和。

对投资者而言，工程造价是工程项目的投资费用，是购买工程项目所要付出的价格。

（二）狭义的工程造价

狭义的工程造价是从市场交易角度而言，通过招投标或其他交易方式，在进行多次预估的基础上，最终由市场形成的价格，是建设一项工程，预计或实际在工程发、承包交易活动中所形成的建筑安装工程费用或建设工程总费用。作为各方交易对象的工程，既可以包括建设项目，也可以是其中的一个或几个单项工程或单位工程，也可以是建设的某个阶段或某几个阶段的组合。

狭义的工程造价含义中，工程承发包价格是典型的价格交易形式，即建筑产品价格，是建筑产品价值的货币表现。对承包商而言，是出售商品和劳务的价格；对投资者而言，是出售工程项目时确定价格和衡量投资经济效益的尺度。

二、工程造价及其计价的特点

（一）工程造价的特点

由于建筑产品本身具有实物体积庞大、建筑类型多样、建设地点固定以及建设周期长、消耗资源多、涉及面广、协作性强等特征，因此工程造价具有大额性、差异性和阶段性的特点。

1. 工程造价的大额性

与其他产品不同，建筑产品往往体积大、占地面积广且建设周期长，因此任何建设项目或单项工程造价均具有大额性，少则几十万，多则几百万、几千万、几个亿甚至更高。由于工程造价的大额性，也决定了工程造价对宏观经济的重大影响，说明了工程造价的特殊地位。

2. 工程造价的差异性

不同性质的建设项目都有其特定的规模、功能和用途，在建筑外观造型、装修以及内部结构和分隔方面都会有差异，这些差异就形成了工程造价的差异性，即便同种类型的建设项目，如果处于不同的地区或地点，其工程造价也会有所差别。因此，工程造价具有绝对的差异性。

3. 工程造价的阶段性

在项目基本建设程序的不同阶段，同一工程的造价有不同的名称和内容，这就是工程造价的阶段性。如项目的决策阶段，因拟建工程的相关建设数据尚处估测阶段，所以形成的是投资估算，误差率较高；项目的设计阶段，随着设计资料的完善，形成的是设计概算，成为该项工程基本建设投资的最高限额；项目的施工阶段，随着工程变更、签证以及材料价格、计算费率等的变化，形成反映工程实际造价的结算文件等。

（二）工程计价的特点

工程计价是指对工程建设项目及其对象建造费用的计算，即工程造价的计算，因此，与工程造价的特点相对应，工程计价具有组合性、单件性、多次性和复杂性的特点。

1. 工程计价的组合性

由于建设项目的组成复杂，且工程造价具有大额性，因此，在进行工程计价时，需要先将建设项目按其组成依次分解为单项工程、单位工程、分部工程和分项工程后，再逐级逆向组合汇总计价。即先由各分项工程造价组合汇总得到各分部工程造价，分项工程是工程计价的最小单元；再由各分部工程造价组合汇总形成各单位工程造价，单位工程是工程计价的基本对象，每一个单位工程都应编制独立的工程造价文件；然后再由各单位工程造价组合汇总形成各单项工程造价，最后由各单项工程造价组合汇总形成建设项目造价。

2. 工程计价的单件性

由于建设项目的性质和用途各异，且工程造价具有差异性，因此，在进行工程计价时，要根据建筑产品的差异单件计价。如基本建设项目按功能分类，可划分为住宅建筑、公用建筑、工业建筑及基础设施四类，这些建筑产品在进行计价时必须单件计价，而即便对于同一类型的建筑，也会因其建造过程中的时间、地点、施工企业、施工条件以及施工环境的不同而不完全相同，因此，对于每一个建设项目只能是单件性计价。

3. 工程计价的多次性

由于建设项目是按规定的基本建设程序进行建造的，且工程造价具有阶段性，因此，在基本建设程序的各个阶段，根据工程建设过程由粗到细、由浅入深的渐进过程，要对应进行多次的工程计价，形成各阶段的工程造价文件，以适应工程建设过程中各方经济关系的建立，适应全方位项目管理的要求。

4. 工程计价依据和方法的多样性

由于基本建设程序的各个阶段，对于工程造价文件的内容和精确性的要求不同，因此，工程计价的依据和方法也各不相同。以建设项目投资决策阶段为例，在项目建议书阶段和可行性研究阶段，尽管要编制的工程造价文件均为投资估算，但由于精确度的要求不同，对于项目建议书中的投资估算可采用如生产能力指数法等简单的估算法，依据类似已建项目的生产规模及造价额即可确定；而对于详细可行性研究阶段的投资估算则必须采用精确度比较高的指标估算法，依据投资估算指标进行计价。

三、工程造价的职能

由于工程造价及其计价的特点，决定了工程造价具有预测职能、控制职能、评价职能和调控职能。

（一）预测职能

在工程建设的每个阶段，投资者或承包商都必须对广义或狭义的工程造价进行预先测算，即工程造价具有预测职能，主要体现在以下两方面：

第一，投资者预测的工程造价，作为建设项目投资决策的依据，一方面是项目得以审批的重要内容，另一方面也是项目筹集资金、控制总造价的依据。

第二，承包商预测的工程造价，作为建设项目投标决策的依据，既是建设准备阶段投标报价和中标合同价的依据，也是项目施工安装的价格标准，是承包商进行成本管理的依据。

（二）控制职能

工程建设每个阶段所形成的工程造价都要控制在其上一阶段的造价限额内，即工程造价具有控制职能，主要体现在纵向控制和横向控制两方面。

第一，纵向控制是指对建设项目总投资的控制，即在基本建设程序的各个阶段，通过对工程造价的多次性预先测算，对工程造价进行全过程、多层次的控制，如投资估算控制设计概算、设计概算控制施工图预算等。

第二，横向控制是指对基本建设程序的某一阶段进行成本控制，如施工阶段，可以对以承包商为代表的商品和劳务供应企业的成本进行控制，在价格一定的条件下，成本越低盈利越高。如承包商通过施工预算对施工现场的生产要素进行成本控制，以获取好的盈利水平。

（三）评价职能

工程造价可用以评价投资的合理性和投资效益，以及企业的盈利能力和偿债能力，即工程造价具有评价职能，主要体现在以下四方面：

第一，工程造价是国家和地方政府控制投资规模、评价建设项目经济效果、确定项目建设计划的重要依据。

第二，工程造价是金融部门评价建设项目的偿还能力、确定贷款计划、贷款偿还期以及贷款风险的重要经济评价参数。

第三，工程造价是建设单位考查建设项目经济效益、进行投资决策评价的基本依据。

第四，工程造价是施工企业评价自身技术、管理水平和经营成果的重要依据。

（四）调控职能

工程建设直接关系到国家的经济增长以及国家重要资源的分配和资金流向，对国家经济和人民生活都会产生至关重要的影响。因此，国家对于项目的功能、建设规模、标准等进行宏观调节是在任何条件下都必不可少的重要环节，尤其是对于政府投资项目的直接调控和管理。而工程造价作为经济杠杆，可对工程建设中的物质消耗水平、建设规模、投资方向等进行有效的调控和管理，即工程造价具有调控职能。

第二节 工程造价管理概述

一、工程造价管理的含义

工程造价管理是指以建设项目为研究对象，综合运用工程技术、经济、法律法规、管理等方面的知识与技能，以效益为目标，对工程造价进行控制和确定的学科，是一门与技术、经济、管理相结合的交叉而独立的学科。

（一）工程造价管理的含义

工程造价有两种含义，与之相对应的工程造价管理也是指两种意义上的管理，一是宏观的建设项目投资费用管理；二是微观的工程价格管理。

1. 宏观的工程造价管理

宏观的工程造价管理是指政府部门根据社会经济发展的实际需要，利用法律、经济和行政等手段，规范市场主体的价格行为，监控工程造价的系统活动。

具体来说，就是针对建设项目的建设中，全过程、全方位、多层次地运用技术、经济及法律等手段，通过对建设项目工程造价的预测、优化、控制、分析、监督等，以获得资源的最优配置和建设项目最大的投资效益。从这个意义上讲，工程造价管理是建筑市场管理的重要组成部分和核心内容，它与工程招投标、质量、施工安全有着密切关系，是保证工程质量和安全生产的前提和保障。

2. 微观的工程造价管理

微观的工程造价管理是指工程参建主体根据工程有关计价依据和市场价格信息等预测、计划、控制、核算工程造价的系统活动。

具体来说，就是指从货币形态来研究完成一定建筑安装产品的费用构成，以及如何运用各种经济规律和科学方法，对建设项目的立项、筹建、设计、施工、竣工交付使用的全过程的工程造价进行合理确定和有效控制。

（二）工程造价管理两种含义的关系

工程造价管理的两种含义既是一个统一体，又是相互区别的，主要的区别包括以下两点：

1. 管理性质不同

宏观的工程造价管理属于投资管理范畴，微观的工程造价管理属于价格管理范畴。

2. 管理目标不同

作为项目投资费用管理，在进行项目决策和实施过程中，追求的是决策的正确性，关注的是项目功能、工程质量、投资费用、能否按期或提前交付使用。作为工程价格管理，关注的是工程的利润成本，追求的是较高的工程造价和实际利润。

二、工程造价管理的范围

（一）全过程造价管理

全过程造价管理是指对于基本建设程序中规定的各个阶段实施的造价管理，主要内容包括：决策阶段的项目策划、投融资方案分析、投资估算以及经济评价；设计阶段的方案比选、限额设计以及概预算编制；建设准备阶段的发、承包模式及合同形式的选择、招标控制价和投标报价的编制；施工阶段的工程计量、工程变更控制与索赔管理、工程结算；竣工验收阶段的竣工决算。

全过程造价管理是通过对建设项目的决策阶段、设计阶段、施工阶段和竣工验收阶段的造价管理，将工程造价发生额控制在预期的限额之内，即投资估算控制设计概算，设计概算控制施工图预算，施工图预算控制工程结算，并对各阶段产生的造价偏差进行及时的纠正，以确保工程项目投资目标的顺利实现。

（二）全要素造价管理

全要素造价管理是指对于项目基本建设过程中的主要影响因素进行集成管理，主要内容包括对建设项目的建造成本、工期成本、质量成本、环境与安全成本的管理。

工程的工期、质量、造价、安全是保证建设项目顺利完成、达到项目管理目标的重要因素。而工程的质量、工期、安全对工程项目的造价也有着显著的影响，如保证或合理缩短工期、严格控制质量和安全，可以有效节约建造成本，达到项目的投资目标，因此，要实现全要素的造价管理，就要对各个要素的造价影响情况、影响程度以及影响的发展趋势进行分析预测，协调和平衡这些要素与造价之间的对立统一关系，以保证造价影响要素的有效控制。

（三）全风险造价管理

工程项目在规划、设计时深度不够，如设计中未采用现代优化设计方法，存在构思的错误，设计内容不全，规划设计深度不够，重要边界条件的遗漏，采用规范不恰当，设计参数选用不合理等，可能就会给工程项目带来一些潜在的后期风险。另外工程项目的实现过程与一般产品的生产过程不同的是，它是在一个相对存在许多风险和许多不确定性因素的外部环境和条件下进行的。外部环境条件包括通货膨胀、气候条件、地质情况、施工环境条件等等，由于这些外部环境条件都存在着较大的不确定性，所以都有可能给工程项目带来风险，从而使工程项目的造价发生不正常的变化。还有像第三者造成的停工风险（如停水、停电等），不可抗力事件发生的风险，投资环境恶化的风险，材料供应中断的风险等等，都是工程项目所面临的外在风险，都会造成工程项目造价的不正常变动。综上所述，根据工程造价管理的核心内容，结合风险的基木定义，可以得出造价全风险就是各个建设阶段中影响造价合理确定和有效控制的不确定性因素的集合。

由于项目风险并不是一成不变的，最初识别并确定的风险事件及风险性造价可能会随着实施条件的变化而变化，因此，当项目的环境与条件发生急剧变化以后，需要进一步识别项目的新风险，并对风险性造价进行确定。这项工作需要反复进行多次，直至项目结束为止。

（四）全团队造价管理

全团队造价管理是指建设项目的参建各方均应对工程实施有效的造价管理，即工程造价管理是政府建设主管部门、行业协会、建设单位、监理单位、设计单位、施工单位以及工程咨询机构的共同任务，又可称为全方位造价管理。

全团队造价管理主要是通过工程参建各方，如业主、监理方、设计方、施工方以及材料设备供应商等利益主体之间形成的合作关系，做到共同获利，实现双赢。要求各个利益集团的人员进行及时的信息交流，加强各个阶段的协作配合，才能最终实现有效控制工程造价的目标。

综上所述，在工程造价管理的范围中，全过程、全要素、全风险造价管理是从技术层面上开展的全面造价管理工作，全团队造价管理是从组织层面上对所有项目团队的成员进行管理的方法，为技术方面的实施提供了组织保障。

三、工程造价管理的内容

工程造价管理的核心内容就是合理确定和有效控制工程造价，二者存在着相互依存、相互制约的辩证关系。工程造价的确定是工程造价控制的基础和载体，工程造价的控制贯穿于工程造价确定的全过程，只有通过建设各个阶段的层层控制才能最终合理地确定造价，确定和控制工程造价的最终目标是一致的，二者相辅相成。

（一）合理确定工程造价

合理确定工程造价是指在建设过程的各个阶段，合理进行工程计价，也就是在基本建设程序各个阶段，合理确定投资估算、设计概算、施工图预算、施工预算、工程结算和竣工决算造价。

1. 决策阶段合理确定投资估算价

投资估算的编制阶段是项目建议书及可行性研究阶段，编制单位是工程咨询单位，编制依据主要是投资估算指标。其作用是：在基本建设前期，建设单位向国家申请拟立建设项目或国家对拟立项目进行决策时，确定建设项目的相应投资总额而编制的经济文件，投资估算是资金筹措和申请贷款的主要依据。

2. 设计阶段合理确定设计概算价

设计概算的编制阶段是设计阶段，编制单位是设计单位，编制依据主要是：初步设计图纸，概算定额或概算指标、各项费用定额或取费标准。其作用是：确定建设项目从筹建到竣工验收、交付使用的全部建设费用的文件；根据设计总概算确定的投资数额，经主管部门审批后，就成为该项工程基本建设投资的最高限额。

3. 建设准备阶段合理确定施工图预算价

施工图预算的编制阶段是施工图设计完成后的建设准备阶段，编制单位是施工单位，编制依据主要是：施工图纸、施工组织设计和国家规定的现行工程预算定额、单位估价表及各项费用的取费标准、建筑材料预算价格、建设地区的自然和技术经济条件等资料。其作用是：由施工图预算可以确定招标控制价、投标报价和承包合同价；施工图预算是编制施工组织设计、进行成本核算的依据，也是拨付工程款和办理竣工结算的依据。

4. 施工阶段合理确定施工预算价

施工预算的编制阶段是施工阶段，编制单位是施工项目经理部或施工队，编制依据主要是：施工图、施工定额（包括劳动定额、材料和机械台班消耗定额）、单位工程施工组织设计或分部（项）工程施工过程设计和降低工程成本技术组织措施等资料。其作用是：施工企业内部编制施工、材料、劳动力等计划和限额领料的依据，同时也是考核单位用工、进行经济核算的依据。

5. 竣工验收阶段合理确定工程结算价和竣工决算价

工程结算的编制阶段是在工程项目建设的收尾阶段，编制单位是施工单位，编制依据主要是：施工过程中现场实际情况的记录、设计变更通知书、现场工程更改签证、预算定额、材料预算价格和各项费用标准等资料。其作用是：向建设单位办理结算工程价款，取得收入，用以补偿施工过程中的资金耗费，确定施工盈亏的经济文件。工程结算价是该结算工程的实际建造价格。

竣工决算的编制阶段是在竣工验收阶段，是建设项目完工后，建设单位编制的建设项目从筹建到建成投产或使用的全部实际成本的技术经济文件。它反映了工程项目建成后交付使用的固定资产及流动资金的详细情况和实际价值，是建设项目的实际投资总额。

（二）有效控制工程造价

有效控制工程造价就是在优化建设方案、设计方案的基础上，在基本建设程序的各个阶段，采用一定的科学有效的方法和措施把工程造价所发生的费用控制在核定的造价限额合理范围以内，随时纠正其发生的偏差，以保证工程造价管理目标的实现。

1. 工程造价的有效控制过程

工程造价的有效控制是指每一个阶段的造价额都在其上一个阶段造价额的控制范围内，以投资估算控制设计概算，设计概算控制施工图预算，施工图预算控制工程结算，反之，即为“三超现象”，是工程造价管理的失控现象。

2. 工程造价的有效控制原则

工程造价的有效控制应遵循如下原则：

（1）工程建设全过程造价控制应以设计阶段为重点。

工程造价控制关键在于投资决策和设计阶段，在项目投资决策后，控制工程造价的关键在于设计，设计质量将决定着整个工程建设的效益。

（2）变被动控制为主动控制工程造价，提高控制效果

主动控制是积极的，被动控制是不可缺少的，两者相辅相成，重在目标的实现对于工程造价控制，不仅要反映投资决策、设计、发包和施工，进行被动的控制；更重要的是能动地影响投资决策、设计、发包和施工，主动地控制工程造价。

（3）加强技术与经济相结合，控制工程造价。

工程造价的控制应从组织、技术、经济、合同管理等多方面采取措施，从组织上明确项目组织结构以及管理职能分工；从技术上重视设计方案的选择，严格审查设计资料及施工组织设计；从经济上要动态地比较工程造价的计划值和实际值，对发现的偏差及时纠正；从合同上要做好工程的变更和索赔管理。

第三节 工程造价计价依据

一、工程定额

定额就是一种规定的额度，或称数量标准。工程定额就是国家颁发的用于规定完成某一工程产品所须消耗的人力、物力和财力的数量标准。定额是企业科学管理的产物，工程定额反映了在一定社会生产力水平的条件下，建设工程施工的管理和技术水平。

在建筑安装施工生产中，根据需要而采用不同的定额。例如用于企业内部管理的有劳动定额、材料消耗定额和施工定额。又如为了计算工程造价，要使用估算指标、概算定额、预算定额（包括基础定额）、费用定额，等等。因此，工程定额可以从不同的角度进行分类。

第一，按定额反映的生产要素消耗内容分类：劳动定额、材料消耗定额、机械台班定额。

第二，按定额的不同用途分类：施工定额、预算定额、概算定额、概算指标及投资估算指标。

第三，按照投资的费用性质分类：建筑工程定额、设备安装工程定额、建筑安装工程费用定额、工程建设其他费用定额。

第四，按定额的编制单位和执行范围分类：全国统一定额、地区统一定额、行业定额、企业定额、补充定额。

（一）施工定额与企业定额

1. 施工定额

施工定额是施工企业为组织生产和加强管理在企业内部使用的一种定额，属于企业生产定额的性质。它是建筑安装工人在合理的劳动组织或工人小组在正常施工条件下，为完成单位合格产品，所须消耗的劳动力、材料、机械台班的数量标准。它由劳动定额、材料消耗定额和机械台班定额组成。施工定额是施工企业内部经济核算的依据，是编制施工预算的依据，也是编制预算定额的基础。

为了适应组织生产和管理的需要，施工定额的项目划分很细，是工程建设定额中分项最细、定额子目最多的一种定额，也是工程建设定额中的基础性定额。在预算定额的编制过程中，施工定额的劳动、机械、材料消耗的数量标准，是计算预算定额中劳动、机械、材料消耗数量标准的重要依据。

施工定额在企业管理工作中的作用是：

①企业计划管理的依据。

②组织和指挥施工生产的有效工具。

③计算工人劳动报酬的依据。

④利于推广先进技术。

⑤编制施工预算的依据。

施工定额的编制原则是定额水平必须遵循平均先进、结构形式应简明适用的原则。施工定额是以劳动定额、材料消耗量定额、机械台班消耗量定额的形式来表现，它是工程计价最基础的定额，是编制地方和行业部门预算定额的基础，也是个别企业依据其自身的消耗水平编制企业定额的基础。

（1）劳动定额

①劳动定额的概念。劳动定额，亦称人工定额，是指正常施工条件下，某等级工人在单位时间内完成合格产品的数量或完成单位合格产品所需的劳动时间。按其表现形式的不同，可分为时间定额和产量定额。它是确定工程建设定额人工消耗量的主要依据。

②劳动定额的分类及其关系劳动定额分为时间定额和产量定额两种。

第一，时间定额。时间定额是指某工种某一等级的工人或工人小组在合理的劳动组织等施工条件下，完成单位合格产品所必须消耗的工作时间。以“工日”为单位，每个工日现行规定工作时间为 8h。

第二，产量定额。产量定额是指某工种等级工人或工人小组在合理的劳动组织等施工条件下，在单位时间内完成合格产品的数量。

时间定额与产量定额的关系是互为倒数的关系，即：

$$\text{时间定额} = \frac{1}{\text{产量定额}} \tag{1-1}$$

（2）材料消耗定额

①材料消耗定额的概念：

材料消耗定额是指先进合理的施工条件和合理使用材料的情况下，生产质量合格的单位产品所必需的建筑安装材料的数量标准。

②净用量定额和损耗量定额材料消耗定额包括：

第一，直接用于建筑安装工程上的材料。

第二，不可避免产生的施工废料。

第三，不可避免的材料施工操作损耗。

其中，直接构成建筑安装工程实体的材料称为材料消耗净用量定额，不可避免的施工废料和材料施工操作损耗量称为材料损耗量定额。材料消耗用量定额与损耗量定额之间具有下列关系：

材料消耗定额（材料总消耗量）= 材料消耗净用量 + 材料损耗量（1–2）

$$材料损耗率 = \frac{材料损耗量}{材料净用量} \times 100\%(即：材料损耗量 = 材料净用量 \times 损耗率) \quad (1\text{–}3)$$

$$材料消耗量 = \frac{材料净用量}{1-损耗率} \quad (1\text{–}4)$$

3）编制材料消耗定额的基本方法

第一，现场技术测定法。用该方法主要是为了取得编制材料损耗定额的资料。材料消耗中的净用量比较容易确定，但材料消耗中的损耗量不能随意确定，须通过现场技术测定来区分哪些属于难以避免的损耗，哪些属于可以避免的损耗，从而确定出比较准确的材料损耗量。

第二，试验法。试验法是在试验室内采用专用的仪器设备，通过试验的方法来确定材料消耗定额的一种方法，用这种方法提供的数据，虽然精确度高，但容易脱离现场实际情况。

第三，统计法。统计法中通过对现场用料的大量统计资料进行分析计算的一种方法。用该方法可获得材料消耗的各种数据，用来编制材料消耗定额。

第四，理论计算法。理论计算法是运用一定的计算公式计算材料消耗量，确定材料消耗定额的一种方法。这种方法较适合计算块状、板状、卷状等材料消耗量。

其一，砖砌体材料用量计算：

标准砖砌体中，标准砖、砂浆用量计算公式：

$$每1m^3砌体标准砖净用量(块) = \frac{2 \times 墙厚的砖数}{墙厚 \times (砖长 + 灰缝厚) \times (砖厚 + 灰缝厚)} \quad (1\text{–}5)$$

其二，各种块料面层的材料用量计算：

$$每100m^2块料面层中块料净用量(块) = \frac{100}{(块料长 + 灰缝) \times (块料宽 + 灰缝)} \quad (1\text{–}6)$$

每 $100m^2$ 块料面层中灰缝砂浆净用量（m^3）=（100– 块料净用量 × 块料长 × 块料宽）× 块料厚（1–7）

每 $100m^2$ 块料面层中结合层砂浆净用量（m^3）=100× 结合层厚（1–8）

各种材料总耗量 = 净用量 ×（1+ 损耗率）（1–9）

其三，周转性材料消耗量计算。建筑安装施工中除了耗用直接构成工程实体的各种材料、成品、半成品外，还需要耗用一些工具性的材料，如挡土板、脚手架及模板等。这类材料在施工中不是一次消耗完，而是随着使用次数逐渐消耗的，故称为周转性材料。

周转性材料在定额中是按照多次使用，多次摊销的方法计算。定额表中规定的数量是使用一次摊销的实物量。

a. 考虑模板周转使用补充和回收的计算：

$$\text{摊销量} = \text{周转使用量} - \text{回收量} \tag{1–10}$$

$$\text{周转使用量} = \frac{\text{一次使用量} + \text{一次使用量} \times (\text{周转次数} - 1) \times \text{损耗率}}{\text{周转次数}}$$

$$\text{回收量} = \frac{\text{一次使用量} - (\text{一次使用量} \times \text{损耗率})}{\text{用转次数}}$$

b. 不考虑周转使用补充和回收量的计算公式：

$$\text{摊销量} = \frac{\text{一次使用量}}{\text{周转次数}} \tag{1–11}$$

（3）机械台班定额

机械台班定额是施工机械生产率的反映，编制高质量的施工机械台班定额是合理组织机械化施工，有效地利用施工机械，进一步提高机械生产率的必备条件。编制施工机械台班定额，主要包括以下内容：

第一，拟定正常的施工条件。机械操作与人工操作相比，劳动的生产率在更大的程度上受施工条件的影响，所以更要重视拟定正常的施工条件。

第二，确定机械纯工作 1h 的正常生产率。确定机械正常生产率必须先确定机械纯工作 1h 的劳动生产率。因为只有先取得机械纯工作 1h 正常生产率，才能根据机械利用系数计算出施工机械台班定额。

机械纯工作时间，就是指机械必须消耗的净工作时间，它包括正常工作负荷下，有根据降低负荷下、不可避免的无负荷时间和不可避免的中断时间，机械纯工作 1h 的正常生产率，就是在正常施工条件下，由具备一定技能的技术工人操作施工机械净工作 1h 的劳动生产率。

确定机械纯工作1h正常劳动生产率可以分为三步进行。

第一步，计算机械一次循环的正常延续时间；

第二步，计算施工机械纯工作1h的循环次数；

第三步，求机械纯工作1h正常生产率。

第三，确定施工机械的正常利用系数。机械的正常利用系数，是指机械在工作班内工作时间的利用率。机械正常利用系数与工作班内的工作状况有着密切的关系。

确定机械正常利用系数，首先要计算工作班在正常状况下，准备与结束工作、机械开动、机械维护等工作所必须消耗的时间，以及机械有效工作的开始与结束时间；然后再计算机械工作班的纯工作时间；最后确定机械正常利用系数。

$$机械正常利用系数=\frac{工作班内机械纯工作时间}{机械工作班延续时间} \tag{1-12}$$

第四，计算机械台班定额。计算机械台班定额是编制机械台班定额的最后一步。在确定了机械工作正常条件、机械1h纯工作时间正常生产率和机械利用系数后，就可以确定机械台班的定额指标了。

施工机械台班产量定额 = 机械纯工作1h正常生产率 × 工作班延续时间 × 机械正常利用系数（1–13）

2. 企业定额

（1）企业定额的概念

施工企业定额是施工企业直接用于施工管理的一种定额。它是指由合理劳动组织的建筑安装工人小组在正常施工条件下，以同一性质的施工过程或工序为测定对象，为完成单位合格产品所需人工、机械、材料消耗的数量标准。施工企业定额反映了企业的施工水平、装备水平和管理水平，可作为考核施工单位劳动生产率水平、管理水平的标尺和确定工程成本、投标报价的依据。《建设工程工程量清单计价规范》出台以后，施工企业定额在投标报价中的地位和作用明显提高。

在工程量清单计价模式下，每个企业均应拥有反映自己企业能力的企业定额。从一定意义上讲，企业定额是企业的商业秘密，是企业参与市场竞争的核心竞争能力的具体表现。要实现工程造价管理的市场化，由市场形成价格是关键。以各企业的企业定额为基础进行报价，能真实地反映出企业成本的差异，能在施工企业之间形成实力的竞争，从而真正达到市场形成价格的目的。

施工单位应根据本企业的具体条件和可挖掘的潜力，根据市场的需求和竞争环境，根据国家有关政策、法律、规范、制度，自己编制定额，自行决定定额的水平。同类企业和同一地区的企业之间存在施工定额水平的差距，这样在市场上才能具有竞争能力。同时，施工单位应将施工企业定额的水平对外作为商业秘密进行保密。

在市场经济条件下，对于施工企业定额，国家定额和地区定额也不再是强加于施工单位的约束和指令，而是对企业的施工定额管理进行引导，为企业提供有关参数和指导，从而实现对工程造价的宏观调控。

施工企业定额不同于工料机消耗定额，全国统一、地区统一定额中的工料机消耗量标准采用的是社会平均水平，而施工定额中的工料机消耗标准，应根据本企业的技术管理水平，采用平均先进水平。

（2）企业定额的作用

施工企业定额是施工企业管理工作的基础，也是工程定额体系中的基础。

第一，企业定额是施工企业计算和确定工程施工成本的依据，是施工企业进行成本管理、经济核算的基础。企业定额是根据本企业的人员技能、施工机械装备程度、现场管理和企业管理水平制定的，按企业定额计算得到的工程费用是企业进行施工生产所需的成本。在施工过程中，对实际施工成本的控制和管理，就应以企业定额作为控制的计划目标数，开展相应的工作。

第二，企业定额是施工企业进行工程投标、编制工程投标报价的基础和主要依据。企业定额的定额水平反映出企业施工生产的技术水平和管理水平，在确定工程投标报价时，首先是依据企业定额计算出施工企业拟完成投标工程需发生的计划成本。在掌握工程成本的基础上，再根据所处的环境和条件，确定在该工程上拟获得的利润、预计的工程风险费用和其他应考虑的因素，从而确定投标报价。因此，企业定额是施工企业编制计算投标报价的根基。

第三，企业定额是施工企业编制施工组织设计、制定施工计划和作业计划的依据。企业定额可以应用于工程的施工管理，用于签发施工任务单、签发限额领料单以及结算计件工资或计量奖励工资等。企业定额直接反映本企业的施工生产力水平，运用企业定额，可以更合理地组织施工生产，有效确定和控制施工中人力、物力消耗，节约成本开支。

施工任务书列明应完成的施工任务，也记录班组实际完成任务的情况，并且进行班组工人的工资结算。施工任务书上的工程计量单位、产量定额和计件单位，均取自施工的劳动定额，工资结算也要根据劳动定额的完成情况计算。

限额领料单是施工队随施工任务书同时签发的领取材料的凭证，根据施工任务和材料定额填写。其中领料的数量，是班组为完成规定的工程任务消耗材料的最高限额。

第四，施工企业定额是计算工人劳动报酬的根据。社会主义的分配原则是按劳分配，所谓“劳”主要是指劳动的数量和质量，劳动的成果和效益。施工企业定额是衡量工人劳动数量和质量的标准，是计算工人计件工资的基础，也是计算奖励工资的依据。完成定额好，工资报酬就多；达不到定额，工资报酬就少，真正实现多劳多得，少劳少得。

第五，施工企业定额有利于推广先进技术。施工企业定额的水平中包含着一些已成熟的先进的施工技术和经验，工人要达到和超过定额，就必须掌握和运用这些先进技术，注意改进工具和改进技术操作方法，注意原材料的节约，避免浪费。当施工企业定额明确要求采用某些较先进的施工工具和施工方法时，贯彻施工定额就意味着推广先进技术。

由此可见，施工企业定额在施工单位企业管理的各个环节中都是不可缺少的，施工企业定额管理是企业管理的基础性工作，具有不容忽视的作用。

（3）企业定额编制的原则

作为企业定额，其编制必须体现平均先进性原则、简明适用原则、以专家为主编制定额原则、独立自主原则、时效性原则和保密原则。

（4）企业定额的编制方法

据不完全调查统计，施工企业中有 70% 的企业没有自己的企业定额，主要原因有长期以来，施工企业习惯于依据全国、地区统一定额标准进行计价；部分企业也想编制自己的企业定额，但是由于工作量大，缺乏专业定额制定人员而无法实现；部分企业则是由于不重视企业定额的作用。随着工程计价改革的不断深入，越来越多的施工企业开始重视企业定额的作用，企业定额的编制工作也越来越引起施工企业的关注。

施工企业定额根据其作用要求不同，有不同的形式，如果主要用于计算工人劳动报酬，组织施工生产的，主要编制施工定额，其内容形式可与统一的劳动定额一致；如果要用于投标报价的，则要编制计价定额，其内容形式可与统一基础定额、消耗量定额等一致。

编制企业定额的方法与其他定额的编制方法基本一致，主要有定额修正法、经验统计法、现场观察测定法和理论计算法等。

确定人工消耗量，首先是根据企业环境，拟定正常施工作业条件，分别计算测定基本用工和其他用工的工日数，进而拟定施工作业的定额时间。

确定材料消耗量，是通过企业历史数据统计分析、理论计算、试验室试验和实地考察等方法，计算测定包括周转材料在内的净用量和损耗量，从而拟定材料消耗的定额指标。

机械台班消耗量的确定，同样需要按企业环境、拟定机械工作的正常施工作业条件，确定机械工作效率和利用系数，据此拟定施工机械作业的定额台班与机械作业相关的工人小组定额时间。

（二）预算定额

1. 预算定额的概念

预算定额是建筑工程预算定额和安装工程预算的总称。随着我国推行工程量清单计价，一些地方出现了综合定额、工程量清单计价定额和工程消耗量定额等定额类型，但其本质上仍应归于预算定额一类，它是编制施工图预算的重要依据。

预算定额是计算和确定一个规定计量单位的分项工程或结构构件的人工、材料和施工机械台班消耗的数量标准。

2. 预算定额的作用

（1）是编制施工图预算、确定工程造价的依据。

（2）是建筑安装工程在工程招投标中确定标底和标价的依据。

（3）是建筑单位拨付工程价款、建设资金和编制竣工结算的依据。

（4）是施工企业编制施工计划，确定劳动力、材料、机械台班需用量计划和统计完成工程量的依据。

（5）是施工企业实施经济核算制、考核工程成本的参考依据。

（6）是对设计方案和施工方案进行技术经济评价的依据。

（7）是编制概算定额的基础。

3. 预算定额的编制原则

（1）社会平均水平的原则

预算定额理应遵循价值规律的要求，按生产该产品的社会平均必要劳动时间来确定其价值。这就是说，在正常施工条件下，以平均的劳动强度、平均的技术熟练程度，在平均的技术装备条件下，完成单位合格产品所需的劳动消耗量就是预算定额的消耗量水平。这种以社会平均劳动时间来确定的定额水平，就是通常所说的社会平均水平。

（2）简明适用的原则

定额的简明与适用是统一体中的两方面，如果只强调简明，适用性就差；如果只强调适用，简明性就差。因此预算定额要在适用的基础上力求简明。

4. 预算定额的编制依据

（1）全国统一劳动定额、全国统一基础定额。

（2）现行的设计规范、施工验收规范、质量评定标准和安全操作规程。

（3）通用的标准图和已选定的典型工程施工图纸。

（4）推广的新技术、新结构、新材料、新工艺。

（5）施工现场测定资料、试验资料和统计资料。

（6）现行预算定额及基础资料和地区资料预算价格、工资标准及机械台班单价。

5. 预算定额的编制步骤

预算定额的编制一般分为以下三个阶段进行。

（1）准备工作阶段

①根据国家或授权机关关于编制预算定额的指示，由工程建设定额管理部门主持，组织编制预算定额的领导机构和各专业小组。

②拟订编制预算定额的工作方案，提出编制预算定额的基本要求，确定预算定额的编制原则、适用范围，确定项目划分以及预算定额表格形式等。

③调查研究、收集各种编制依据和资料。

（2）编制初稿阶段

①对调查和收集的资料进行深入细致的分析研究。

②按编制方案中项目划分的规定和所选定的典型施工图纸计算出工程量，并根据取定的各项消耗指标和有关编制依据，计算分项定额中的人工、材料和机械台班消耗量，编制出预算定额项目表。

③测算预算定额水平。预算定额征求意见稿编出后，应将新编预算与原预算定额进行比较，测算新预算定额水平是提高还是降低，并分析预算定额水平提高或降低的原因。

（3）修改和审查计价定额阶段

组织基本建设有关部门讨论《预算定额征求意见稿》，将征求的意见交编制小组重新修改定额，并写出预算定额编制说明和送审报告，连同预算定额送审稿报送主管机关审批。

6. 预算定额各消耗量指标的确定

（1）预算定额计量单位的确定

预算定额计量单位的选择，与预算定额的准确性、简明适用性及预算工作的繁简有着密切的关系。因此，在计算预算定额各种消耗量之前，应首先确定其计量单位。

在确定预算定额计量单位时，首先应考虑该单位能否反映单位产品的工、料消耗量，保证预算定额的准确性；其次，要有利于减少定额项目，保证定额的综合性；最后，要有利于简化工程量计算和整个预算定额的编制工作，保证预算定额编制的准确性和及时性。

由于各分项工程的形体不同，预算定额的计量单位应根据上述原则和要求，按照分项工程的形体特征和变化规律来确定物体的长、宽、高三个度量都在变化时，应采用 m^3 为计量单位。当物体有一固定的不同厚度，而它的长和宽两个度量所决定的面积不固定时，宜采用 m^2 为计量单位。如果物体截面形状大小固定，但长度不固定时，应以“延长米”为计量单位。有的分部分项工程体积、面积相同，但质量和价格差异很大（如金属结构的制作、运输、安装等），应当以质量单位 kg 或 t 计算。有的分项工程还可以按“个”“组”“座”“套”等自然计量单位。

预算定额单位确定以后，在预算定额项目表中，常采用所取单位的 10 倍、100 倍等倍数的计量单位来制定预算定额。

（2）预算定额各消耗量指标的确定

根据劳动定额、材料消耗定额、机械台班定额来确定消耗量指标。

①按选定的典型工程施工图及有关资料计算工程量。计算工程量的目的是为了综合组成分项工程各实物量的比重，以便采用劳动定额、材料消耗定额计算出综合后的消耗量。

②人工消耗指标的确定。预算定额中的人工消耗指标是完成该分项工程必须消耗的各种用工，包括基本用工、材料超运距用工、辅助用工和人工幅度差。

a. 基本用工。基本用工指完成该分项工程的主要用工。如砌砖工程中的砌砖、调制砂浆、运砖等用工。将劳动定额综合成预算定额的过程中，还要增加砌附墙、烟囱孔、垃圾道等的用工。

b. 材料超运距用工。预算定额中的材料、半成品的平均运距要比劳动定额的平均运距远，因此超过劳动定额运距的材料要计算超运距用工。

c. 辅助用工。辅助用工指施工现场发生的加工材料等的用工，如筛砂子、淋石灰膏的用工。

d. 人工幅度差。人工幅度差主要指正常施工条件下，劳动定额中没有包含的用工因素。例如各工种交叉作业配合工作的停歇时间，工程质量检查和隐蔽工程验收等所占的时间。

③材料消耗指标的确定。由于预算定额是在基础定额的基础上综合而成的，所以其材料用量也要综合计算。

④施工机械台班消耗指标的确定。预算定额的施工机械台班消耗指标的计量单位是台班。按现行规定，每个工作台班按机械工作 8h 计算。

预算定额中的机械台班消耗指标应按全国统一劳动定额中各种机械施工项目所规定的台班产量进行计算。

预算定额中以使用机械为主的项目（如机械挖土、空心板吊装等），其工人组织和台班产量应按劳动定额中的机械施工项目综合而成。此外，还要相应增加机械幅度差。

预算定额项目中的施工机械是配合工人班组工作的，所以施工机械要按工人小组配置使用。例如砌墙是按工人小组配置塔吊、卷扬机和砂浆搅拌机等。配合工人小组施工的机械不增加机械幅度差。计算公式为：

$$\text{分项定额机械台班使用量}=\frac{\text{分项定额计算单位值}}{\text{小组人数}\times\Sigma(\text{分项计算的取定比重}\times\text{劳动定额综合产量})} \quad (1-14)$$

或

$$\text{分项定额机械台班使用量}=\frac{\text{分项定额计量单位值}}{\text{小组日总产量}} \quad (1-15)$$

7. 编制定额项目表

当分项工程的人工、材料和机械台班消耗量指标确定后，就可以着手编制定额项目表。

在项目表中，工程内容可以按编制时即包括的综合分项内容填写；人工消耗量指标可按工种分别填写工数；材料消耗量指标应列出主要材料名称、单位和实物消耗量；机械台班使用量指标应列出主要施工机械的名称和台班数。人工和中小型施工机械也可按“人工费和中小型机械费”表示。

8. 预算定额的编排

定额项目表编制完成后，对分项工程的人工、材料和机械台班消耗量列出单价（基期价格），从而形成以货币形式表示的有量有价的预算定额。各分部分项所汇总的价称为基价。

（1）定额文字说明

文字说明包括总说明、分部说明和分节说明。

①总说明：

a. 编制预算定额各项依据。

b. 预算定额的适用范围。

c. 预算定额的使用规定及说明。

②建筑面积计算规则。

③分部说明：

a. 分部工程包括的子目内容。

b. 有关系数的使用说明。

c. 工程量计算规则。

d. 特殊问题处理方法的说明。

④分节说明。主要包括：

（1）本节定额的工程内容说明。

（2）分项工程定额消耗指标各分项定额的消耗指标是预算定额最基本的内容。

（3）附录

①建筑安装施工机械台班单价表。

②砂浆、混凝土配合比表。

③材料、半成品、成品损耗率表。

④建筑工程材料基价。

附录的主要作用是用于对预算定额的分析、换算和补充。

（三）基础单价

预算定额中人工、材料和机械台班消耗量确定后，就需要确定人工、材料和机械台班消耗量的单价。

1. 人工工日单价

按照建设部、财政部印发的《建筑安装工程费用项目组成》（建标〔2003]206 号〕的方法计算：

$$人工费=\Sigma(工日消耗量\times日工资单价) \tag{1-16}$$

式中：日工资单价$(G)=G_1+G_2+G_3+G_4+G_5$

（1）基本工资：

$$基本工资(G_1)=\frac{生产工人平均月工资}{年平均每月法定工作日} \tag{1-17}$$

（2）工资性补贴：

$$工资性补贴(G_2)=\frac{\Sigma年发放标准}{全年日历日法定假日}+\frac{\Sigma月发放标准}{年平均每月法定工作日}+每工作日发放标准 \tag{1-18}$$

（3）生产工人辅助工资：

$$生产工人辅助工资(G_3)=\frac{全年无效工作日\times(G_1+G_2)}{全年日历日-法定假日} \tag{1-19}$$

（4）职工福利费：

$$职工福利费(G_4)=(G_1+G_2+G_3)\times福利费计提比例(\%) \tag{1-20}$$

（5）生产工人劳动保护费：

$$\text{生产工人劳动保护费}\left(G_5\right)=\frac{\text{生产工人年平均支出劳动保护费}}{\text{全年日历日}-\text{法定假日}} \tag{1-21}$$

需要指出的是，随着我国改革的深入，社会主义市场经济体制的逐步建立和企业按劳分配自主权的扩大，建筑企业工资分配标准早已突破以前企业工资标准的规定。因此，为适应社会主义市场经济的需要，人工单价的确定应主要参考建筑劳务市场来确定。

2. 材料单价

材料单价一般称为材料预算价格，又称为材料基价。

（1）材料预算价格的概念及其组成

①材料预算价格的概念。材料预算价格是指材料由其来源地（或交货地）运至工地仓库堆放场地后的出库价格。这里指的材料包括构件、半成品及成品。

②材料预算价格的组成。材料预算价格由下列费用组成：

a. 材料原价（供应价格）。

b. 包装费。

c. 材料运杂费。

d. 运输损耗费。

e. 采购及保管费。

f. 检验试验费。

（2）材料预算价格中各项费用的确定

①材料原价（或供应价格）。材料原价是指材料的出厂价格、进口材料抵岸价或销售部门的批发价和市场采购价（或信息价）。

在确定材料原价时，如果为同一种材料，因来源地、供应单位或生产厂家不同，有几种价格时，要根据不同来源地的供应数量比例，采取加权平均的方法计算其材料的原价。

②包装费。包装费是为了便于材料运输和保护而进行包装所需的一切费用。包装费包括包装品的价值和包装费用。

包装器材如有回收价值，应考虑回收价值。地区有规定者，按地区规定计算；地区无规定者，可根据实际情况确定。凡由生产厂家负责包装的产品，其包装费已计入材料原价内，不再另行计算，但应扣回包装器材的回收价值。

③运杂费。材料运杂费是指材料由其来源地（交货地点）起（包括经中间仓库转运）运至施工地仓库或堆放场地止，全部运输过程中所支出的一切费用，包括车船等的运输费、

调车费、出入仓库费和装卸费等。

④运输损耗费：材料运输损耗是指材料在运输和装卸搬运过程中不可避免的损耗。一般通过损耗率来规定损耗标准。其计算公式为：

材料运输损耗费 =（材料原价 + 材料运杂费）× 运输损耗率（1–22）

⑤采购及保管费。材料采购及保管费是指为组织采购、供应和保管材料过程中所需的各项费用。包括采购费、仓储费、工地保管费、仓储损耗。其计算公式为：

材料采购及保管费 =（材料原价 + 运杂费 + 运输损耗费）× 采购及保管费率（1–23）

上述费用的计算可以综合成一个计算式：

材料预算价格 =［（材料原价 + 运杂费）×（1+ 运输损耗费）］×（l+ 采购及保管费率）（1–24）

⑥检验试验费。检验试验费是指对建筑材料、构件和建筑安装物进行一般鉴定、检查所发生的费用。检验试验费包括自设试验室进行试验所耗用的材料和化学药品等费用，不包括新结构、新材料的试验费，以及建设单位对具有出厂合格证明的材料进行检验，对构件做破坏性试验及其他特殊要求检验试验的费用。其计算公式为：

检验试验费 = Ó（单位材料量检验试验费 × 材料消耗量）（1–25）

当发生检验试验费时，材料费中还应加上此项费用。

3. 机械台班单价

（1）机械台班单价的概念机械台班单价，亦称施工机械台班使用费，它是指单位工作台班中为使机械正常运转所分摊和支出的各项费用。

（2）机械台班单价的组成施工机械台班单价按有关规定由七项费用组成，这些费用按其性质分为第一类费用和第二类费用。

①第一类费用。第一类费用亦称不变费用，是指属于分摊性质的费用。包括：折旧费、大修理费、经常修理费和机械安拆费。

②第二类费用。第二类费用亦称可变费用，是指属于支出性质的费用。包括：燃料动力费、人工费、其他费用（养路费及车船使用税、保险费及年检费）等。

③第一类费用的计算

a. 折旧费。折旧费是指施工机械在规定的使用期限（即耐用总台数）内，陆续收回其原价值及购置资金的费用。其计算公式为：

$$\text{台班折旧费}=\frac{\text{机械价格}\times(1-\text{残值率})\times\text{时间价值系数}}{\text{耐用总台班}} \quad (1\text{–}26)$$

b. 大修理费。大修理费是指施工机械按规定的大修理间隔对台班进行必要的大修理，以恢复其正常功能所需的费用。其计算公式为：

$$台班大修理费=\frac{一次大修理费\times寿命周期内大修理次数}{耐用总台班} \quad (1–27)$$

c. 经常修理费。经常修理费是指施工机械除大修理以外的各级保养及排除临时故障所需的费用，包括为保障机械正常运转所需替换设备与随机配备工具附具的摊销及维护费用，机械运转及日常保养所需润滑与擦拭的材料费用，及机械停置期间的维护保养费用等。其计算公式为：

$$台班经常修理费=\frac{\Sigma(各级保养一次费用\times寿命周期各级保养次数)+临时故障排除费+替用设备工具附具台班摊销费+例保辅料费}{年工作台班} \quad (1–28)$$

d. 安拆费及场外运输费。安拆费是指施工机械在现场进行安装与拆卸所需的人工、材料、机械和试运费用以及机械辅助设施的折旧、搭设及拆除等费用。

场外运输费指施工机械整体或分体自停放地点运至施工现场，或由一施工地点运至另一施工地点的运输、装卸、辅助材料以及架线费用。安拆费及场外运输费的计算公式为：

$$台班安拆费及场外运输费=\frac{机械一次安拆费及场外运输费\times年平均安拆次数}{年工作台班} \quad (1–29)$$

④第二类费用的计算

a. 燃料动力费。燃料动力费是指机械台班在运转施工作业中所耗用的固定燃料（煤炭、木材）、液体燃料（汽油、柴油）、电力、水和风力等费用。其计算公式为：

台班燃料动力费 = 台班燃料动力消耗费 × 相应单价（1–30）

b. 人工费。人工费是指机上司机（司炉）和其他操作人员的工作日人工费及上述人员在机械规定的年工作台班以外的人工费。其计算公式为：

台班人工费 = 人工消耗量 ×[1+（年度工作日 – 年工作台班）/ 年工作台班]× 人工单价（1–31）

c. 养路费及车船使用税。养路费及车船使用税是指机械台班按国家和有关部门规定应缴纳的养路费和车船使用税。其计算公式为：

$$台班养路费及车船使用税=\frac{年养路费+车船使用税+年保险费+年检费用}{年工作台班} \quad (1-32)$$

4. 定额基价

定额基价，亦称分项工程单价，一般是指在一定使用期范围内建筑安装单位产品的不完全价格。

定额基价相对比较稳定，有利于简化概（预）算的编制工作。定额基价之所以是不完全价格，是因为它只包含了人工、材料和机械台班的费用，只能算出直接费。为了适应社会主义市场经济发展的需要，随着工程造价改革的进一步深化，按照《建设工程工程量清单计价规范》的要求，也可编出建筑安装产品的完全费用单价。这种单价除了包括人工、材料和机械台班三项费用外，还包括管理费、利润等费用，形成工程量清单项目的综合单价的基价，为发承包双方组成工程量清单项目综合单价构建了平台。目前，我国已有不少省、市采用此法，取得了成效。

定额基价是确定分项工程的基准价，编制的全国定额基价采用北京市价格为基价，各省、自治区编制的定额采用省会（首府）所在地价格，使用时在基价的基础上，根据工程所在地的市场价进行调整。定额基价具有下列优点：一是定额基价相对比较稳定，有利于简化概（预）算的编制工作；二是有利于建立统一建筑市场，实行统一的预算定额，避免各地市等编制单位估价表后还要调价差的烦琐。

（1）基价的编制依据

①现行的预算定额。

②现行的日工资标准，目前日工资标准通常采用建筑劳务市场的价格。

③现行的地区材料预算价格。

④现行的施工机械台班价格。

（2）基价的确定方法定额基价由若干个计算出的项目的单价构成，计算公式为：

定额基价 = 人工费 + 材料费 + 机械费（1–33）

式中：人工费 = 定额项目工日数 × 综合人工工日单价

材料费 = ó（定额项目材料用量 × 材料单价）

机械费 = ó（定额项目台班量 × 机械台班单价）

（3）确定定额项目基价的步骤

①填写人工、材料、机械台班单价。

②计算人工费、材料费、机械费和分项工程基价。

③复核计算过程。

④报送审批。

（4）定额基价的套用

当施工图的设计要求与预算定额的项目内容一致时，可直接套用预算定额。

在编制单位工程施工图预算的过程中，大多数项目可以直接套用预算定额。套用时应注意以下几点：

①根据施工图纸、设计说明和做法说明选择定额项目。

②要从工程内容、技术特征和施工方法上仔细核对，准确地确定相对应的定额项目。

③分项工程项目名称和计量单位要与预算定额相一致。

（5）定额基价的换算

当施工图中的分项工程项目不能直接套用预算定额时，就产生了定额的换算

①换算类型。预算定额的换算类型有以下三种：

a. 配合比材料不同时的换算。

b. 系数的换算。按定额说明规定对定额中的人工费、材料费、机械费乘以各种系数的换算。

c. 其他换算。

②换算的基本思路。根据某一相关定额，按定额规定换入增加的费用，减少扣除的费用。这一思路用下式表述：

换算后的定额基价 = 原定额基价 + 换入的费用 – 换出的费用（1–34）

③适用范围。适用于砂浆强度等级、混凝土强度等级、抹灰砂浆及其他配合比材料与定额不同时的换算。

（四）概算定额和概算指标

1. 概算定额

（1）概算定额概念

概算定额又称扩大结构定额，规定了完成单位扩大分项工程或结构构件所必须消耗的人工、材料和机械台班的数量标准。

概算定额是由预算定额综合而成的。按照《建设工程工程量清单计价规范》的要求，为适应工程招标投标的需要，有的地方的预算定额项目的综合有些已与概算定额项目一致，如挖土方只有一个项目，不再划分一、二、三、四类土；砖墙也只有一个项目，综合了外墙、半砖、一砖、一砖半、二砖、二砖半墙等；化粪池、水池等按座计算，综合了土方、

砌筑或结构配件等全部项目。

（2）概算定额的主要作用

①是扩大初步设计阶段编制设计概算和技术阶段编制修正概算的依据。

②是对设计项目进行技术经济分析和比较的基础资料之一。

③是编制项目主要材料计划的参考依据。

④是编制概算指标的依据。

⑤是编制概算阶段招标标底和投标报价的依据。

（3）概算定额的编制依据

①现行的预算定额。

②选择的典型工程施工图和其他有关资料。

③人工工资标准、材料预算价格和机械台班预算价格。

（4）概算定额的编制步骤

①准备工作阶段。该阶段的主要工作是确定编制机械和人员组成，进行调查研究，了解现行概算定额的执行情况和存在的问题，明确编制定额的项目。在此基础上，制订出编制方案和确定概算定额项目。

②编制初稿阶段。该阶段根据制订的编制方案和确定的定额项目，收集和整理各种数据，对各种资料进行深入细致的测算分析，确定各项目的消耗指标，最后编制出定额初稿。

该阶段要测算概算定额水平。内容包括两个方面：新编概算定额与原概算定额的水平测算；概算定额和预算定额的水平测算。

③审查定稿阶段。该阶段要组织有关部门讨论定额初稿，在听取合理意见的基础上进行修改。最后将修改稿报请上级主管部门审批。

2. 概算指标

（1）概算指标的概念

概算指标是以整个建筑物或构筑物为对象，以“m^2”“m^3”或“座”等为计量单位，规定了人工、材料和机械台班的消耗指标的一种标准。

（2）概算指标的主要作用

①是基本建设管理部门编制投资估算和编制基本建设计划，也是估算主要材料用量计划的依据。

②是设计单位编制初步设计概算、选择设计方案的依据。

③是考核基本建设投资效果的依据。

（3）概算指标的主要内容和形式。概算指标的内容和形式没有统一的格式，一般包括以下内容：

①工程概况。包括建筑面积、建筑层数、建筑地点、时间、工程各部位的结构及做法等。

②工程造价及费用组成。

③每 m^2 建筑面积的工程量指标。

④每 m^2 建筑面积的工料消耗指标。

二、工程造价指数

（一）工程造价指数的概念

工程造价指数是反映一定时期内由于价格变化对工程造价影响程度的一种指标。它反映了工程造价报告期与基期相比的价格变动程度与趋势，是分析价格变动趋势及其原因、估计工程造价变化对宏观经济的影响、承发包双方进行工程估价和结算的重要依据。

工程造价指数一般按照工程的范围不同划分为单项价格指数和综合价格指数两类。单项价格指数是分别反映各类工程的人工、材料、施工机械及主要设备等单项费用报告期对基期价格的变化程度指标，如人工费价格指数、主要材料价格指数、施工机械台班价格指数和主要设备价格指数等；综合价格指数是综合反映不同范围的工程项目中各类综合费用报告期对基期价格的变化程度指标，如建筑安装工程直接费造价指数、其他直接费及间接费价格指数、建筑安装工程造价指数、工程建设其他费用指数、单项工程或建设项目造价指数等。工程造价指数还可根据不同基期划分为定基指数和环比指数。定基指数是各时期价格与某固定时期的价格对比后编制的指数；环比指数是各时期价格都以其前一期价格为基础编制的指数，工程造价指数一般以定基指数为主。

（二）工程造价指数的编制

在市场价格水平经常发生波动的情况下，建设工程造价及其各组成部分也处于不断变化之中。这不仅使不同时期的工程在“量”与“价”上都失去了可比性，而且给合理确定和有效控制造价造成了困难。根据工程建设的特点，编制工程造价指数是解决这些问题的最佳途径。

以合理方法编制的工程造价指数，不仅能够较好地反映工程造价的变化趋势和变化幅度，而且可以剔除价格水平变化对造价的影响，正确反映建筑市场的供求关系和生产力发展水平。

工程造价指数主要包括建筑安装工程造价指数、设备工器具价格指数和工程建设其他费用指数等。其中建筑安装工程造价指数的作用最为广泛。

1. 建筑安装工程造价指数

（1）建筑安装工程造价指数的编制特点

建筑安装工程作为一种特殊商品，其价格指数的编制也较一般商品具有独特之处。首先，由于建筑产品采用的是分部组合计价方法，其价格指数也必定要按照一定的层次结构计算，即先要编制投入品价格指数（包括各类人工、材料和机械台班价格指数），接着在投入品价格指数的基础上计算工料机费用指数（即包括人工费指数、材料费指数和机械使用费指数），并进一步汇总出成本指数（包括直接工程费指数和间接费指数等），最后在上述指数基础上，编制建筑安装工程造价指数。另外，建筑安装工程单件性计价的特点决定了工程造价指数应是对造价发展趋势的综合反映，而不仅仅是对某一特定工程的造价分析，即建筑安装工程造价指数计算有很强的综合性，建筑安装工程造价指数的准确性和实用性在很大程度上受到指数结构的合理性和指数编制综合技巧的制约。

（2）建筑安装工程造价指数的基本计算公式

无论哪个层次的工程造价指数，都可采用拉氏指数公式或派氏指数公式计算在拉氏指数公式中，权重是固定不变的，可表示为：

$$K_{\mathrm{L}} = \frac{\sum p_1 q_0}{\sum p_0 q_0} \quad (1\text{–}35)$$

在派氏指数公式中的权重是可变的，其公式为：

$$K_p = \frac{\sum p_1 q_1}{\sum p_0 q_1} \quad (1\text{–}36)$$

式中：$K_{\mathrm{L}}, K_{\mathrm{p}}$为综合指数；

p_1, p_0——分别表示报告期和基期的要素价格或费用；

q_1, q_0——分别表示报告期和基期的消耗量或销售量。

（3）工料机费用指数和成本指数的编制

销售量数据可按下面方法确定：先在同类工程中选择有代表特征的一个或若干个范例工程，严格审查或复核其工料机消耗水平、建设标准或施工方法，作为测算工料机费用指数和成本指数的权重基础；将基期和报告期的工料机单价以及工料机消耗量代入公式（1–35），便可得到相应的工料机费用指数；最后将工料机三种费用指数进行综合，并将不同时期的取费率代入公式还可得到直接工程费指数、间接费指数和建造成本指数等。

（4）投入品价格指数的编制

建筑安装工程的投入品包括人工、材料、机械三大类及几百个品种、上千种规格，只能从中选出一定的代表投入品编制价格指数。代表投入品的选择一般基于以下原则：一是实际消耗量较大；二是市场价格变动趋势有代表性；三是价格变动有独立的发展趋势；四是市场价格信息准确、及时；五是生产供应稳定。

代表投入品确定后，还要对投入品市场进行调查。由于市场的广泛性和不确定性，造成同时期的投入品市场价格在有形市场中存在差异，因此要按投入产品的耗用量或成交量对投入品价格进行加权，计算公式见式（1–36）。

（5）建筑安装工程造价指数的编制

建筑安装工程造价指数编制通常采用如下方法：根据工料机费用指数和成本指数的计算结果，分别考虑基期和报告期的利税水平，可得到范例工程报告期和基期造价的比值，即建筑安装工程造价指数。我国各地区、部门大都采用这种编制方法。

2. 设备工器具价格指数按照派氏指数公式计算为：

设备工器具价格指数 = Ó（报告期设备工器具单价 × 报告期购置数量）/ Ó（基期设备工器具单价 × 报告期购置数量）（1–37）

3. 工程建设其他费用价格指数

工程建设其他费用价格指数 = 报告期每万元投资支出中其他费用 / 基期每万元投资支出中其他费用（1–38）

4. 建设项目或单项工程造价指数：

建设项目或单项工程造价指数 = 建筑安装工程造价指数 × 基期建筑安装工程费用占总造价比例 + Ó（单项设备价格指数 × 基期该项设备费占总造价比例）+ 工程建设其他费用指数 × 基期工程建设其他费用占总造价比例（1–39）

（三）工程造价指数的应用

工程造价指数反映了报告期与基期相比的价格变动趋势，可以利用它来研究实际工作中的以下问题：

第一，可以利用工程造价指数来分析价格上涨或下跌的原因。

第二，可以利用工程造价指数来估计工程造价变化对宏观经济的影响。

第三，工程造价指数是工程承发包双方进行工程估价和结算的重要依据。在此分段由于建筑市场供求关系的变化以及物价水平的不断上涨，单靠原有定额编制概预算、标底及投标报价已不能适应形势发展的需要。而合理编制的工程造价指数正是对传统定额的重要补充。依据造价指数可对工程概预算做适当的调整，使之与现实造价水平相符合，从而克服了定额静态与僵化的弱点。

三、《建设工程工程量清单计价规范》简介

国家制定《建设工程工程量清单计价规范》，在全国范围内推行工程量清单计价法。这种计价法相对于传统的定额计价方法是一种新的计价模式，是一种市场定价模式，是由建设产品的买方和卖方在建设市场上根据供求状况、信息状况进行自由竞价，从而最终能够签订工程合同价格的方法。工程量清单计价是改革和完善工程价格的管理体制的一个重要的组成部分。在工程量清单的计价过程中，工程量清单为建设市场的交易双方提供了一个平等的平台，其内容和编制原则的确定是整个计价方式改革中的重要工作。

（一）《建设工程工程量清单计价规范》的主要术语

《计价规范》中术语共计 23 条，对本规范特有的术语给予定义。主要掌握以下几条：

1. 工程量清单

建设工程的分部分项工程项目、措施项目、其他项目、规费项目和税金项目的名称和相应数量等的明细清单。

2. 项目编码

分部分项工程量清单项目名称的数字标识。采用 12 位阿拉伯数字表示，1 至 9 位为统一编码，其中：1、2 位为附录顺序码；3、4 位为专业工程顺序码；5、6 位为分部工程顺序码；7、8、9 位为分项工程项目顺序码；10 至 12 位为清单项目名称顺序码。

3. 综合单价

完成一个规定计量单位的分部分项工程量清单项目或措施清单项目所需的人工费、材料费、施工机械使用费和企业管理费与利润，以及一定范围内的风险费用。

4. 措施项目

为完成工程项目施工，发生于该工程施工准备和施工过程中的技术、生活、安全、环境保护等方面的非工程实体项目。

5. 预留金

招标人为可能发生的工程量变更而预留的金额。

6. 总承包服务费

总承包人为配合协调招标人进行的工程分包和材料采购所需的费用。

7. 零星工作项目费

完成招标人提出的，工程量暂估的零星工作所需的费用。

8. 消耗量定额

由建设行政主管部门根据合理的施工组织设计，按照正常施工条件下制定的，生产一个规定计量单位工程合格产品所需人工、材料和机械台班的社会平均消耗量。

9. 企业定额

施工企业根据本企业的施工技术和管理水平而编制的人工、材料和施工机械台班等的消耗标准。

10. 造价工程师

取得“造价工程师注册证书”，在一个单位注册从事建设工程造价活动的专业人员。

11. 造价员

取得“全国建设工程造价员资格证书”，在一个单位注册从事建设工程造价活动的专业人员。

12. 工程造价咨询人

取得工程造价咨询资质等级证书，接受委托从事建设工程造价咨询活动的企业。

13. 招标控制价

招标人根据国家或省级、行业建设主管部门颁发的有关计价依据和办法，按设计施工图纸计算的，对招标工程限定的最高工程造价。

14. 投标价

投标人投标时报出的工程造价。

15. 合同价

发、承包双方在施工合同中约定的工程造价。

16. 竣工结算价

发、承包双方依据国家有关法律、法规和标准规定，按照合同约定确定的最终工程造价。

（二）《建设工程工程量清单计价规范》的主要特点

1. 强制性

通过制定统一的建设工程工程量清单计价方法，达到规范计价行为的目的。一般由建设行政主管部门按照强制性标准的要求批准颁发，规定全部使用国有资金或国有资金投资为主的大中型建设工程应按《计价规范》规定执行。

明确工程量清单是招标文件的组成部分，并规定了招标人在编制工程量清单时必须做到“四个统一”，即项目编码、项目名称、计量单位、工程量计算规则的统一，并且要用规定的标准格式来表述。

在清单编码上，《计价规范》规定，分部分项工程量清单编码以12位阿拉伯数字表示，前9位为全国统一编码，编制分部分项工程量清单时应按附录中的相应编码设置，不得变动，后3位是清单项目名称编码，由清单编制人根据设置的清单项目编制。

2. 统一性

工程量清单是招标文件的组成部分，招标人在编制工程量清单时必须做到“四个统一”，即统一编码、统一项目名称、统一计量单位、统一工程量计算规则。

3. 实用性

《计价规范》附录中的工程量清单项目及计算规则的项目名称表现的是工程实体项目，项目明确清晰，工程量计算规则简洁明了。特别还有项目特征和工程内容，易于编制工程量清单。

4. 竞争性

第一，《计价规范》中的措施项目，在工程量清单中只列“措施项目”一栏，具体采用什么措施，如模板、脚手架、临时设施、施工排水等详细内容由投标人根据企业的施工组织设计，视具体情况报价，因为这些项目在各个企业间各有不同，是企业竞争项目，是留给企业竞争的空间。

第二，《计价规范》中人工、材料和施工机械没有具体的消耗量，将工程消耗量定额中的工、料、机价格和利润、管理费全面放开，由市场的供求关系自行确定价格。投标企业可以依据企业的定额和市场价格信息，也可以参照建设行政主管部门发布的社会平均消耗量定额报价，《计价规范》将报价权交给企业。

第三，通用性采用工程量清单计价将与国际惯例接轨，符合工程量清单计算方法标准化、工程量计算规则统一化、工程造价确定市场化的规定。

《建设工程工程量清单计价规范》中规定，全部使用国有资金投资或国有资金投资为主（即“国有资金投资”）的工程建设项目，必须采用工程量清单计价。因此，《建设工程工程量清单计价规范》是工程造价计价最重要的依据。

第二章 建筑工程造价的费用

第一节 建筑工程造价的费用概述

一、工程造价计价依据的分类

工程造价计价依据是据以计算造价的各类基础资料的总称。由于影响工程造价的因素很多，每一项工程的造价都要根据工程的用途、类别、结构特征、建设标准、所在地区和坐落地点、市场价格信息以及政府的产业政策、税收政策和金融政策等具体计算，因此须把确定上述因素相关的各种量化定额或指标等作为计价的基础。计价依据除法律法规以外，一般以合同形式加以确定。其必须满足以下要求：

第一，准确可靠，符合实际。

第二，可信度高，具有权威。

第三，数据化表达，便于计算。

第四，定性描述清晰，便于正确使用。

（一）按用途分类

工程造价的计价依据按用途分类，可以分为七大类 18 小类。

第一类，规范工程计价的依据：

①国家标准《建设工程工程量清单计价规范》（GB50500—2013）、《建筑工程建筑面积计算规范》（GB/T50353—2013）。

②行业协会推荐性标准，如中国建设工程造价管理协会发布的《建设项目投资估算编审规程》《建设项目设计概算编审规程》《建设项目工程结算编审规程》《建设项目全过程造价咨询规程》等。

第二类，计算设备数量和工程量的依据：

③可行性研究资料。

④初步设计、扩大初步设计、施工图设计图纸和资料。

⑤工程变更及施工现场签证。

第三类，计算分部分项工程人工、材料、机械台班消耗量及费用的依据：

⑥概算指标、概算定额、预算定额。

⑦人工单价。

⑧材料预算单价。

⑨机械台班单价。

⑩工程造价信息。

第四类，计算建筑安装工程费用的依据：

⑪费用定额。

⑫价格指数。

第五类，计算设备费的依据：

⑬设备价格、运杂费率等。

第六类，计算工程建设其他费用的依据：

⑭用地指标。

⑮各项工程建设其他费用定额等。

第七类，与计算造价相关的法规和政策：

⑯包含在工程造价内的税种、税率。

⑰与产业政策、能源政策、环境政策、技术政策和土地等资源利用政策有关的收费标准。

⑱利率和汇率。

（二）按使用对象分类

第一类，规范建设单位（业主）计价行为的依据：可行性研究资料、用地指标、工程建设其他费用定额等。

第二类，规范建设单位（业主）和承包商双方计价行为的依据：包括国家标准《建设工程工程量清单计价规范》（GB 50500—2013）和《建设工程建筑面积计算规范》及中国建设工程造价管理协会发布的建设项目投资估算、设计概算、工程结算、全过程造价咨询等规程；初步设计、扩大初步设计、施工图设计；工程变更及施工现场签证；概算指标、概算定额、预算定额；人工单价；材料预算单价；机械台班单价；工程造价信息；间接费定额；设备价格、运杂费率等；包含在工程造价内的税种、税率；利率和汇率；其他计价依据。

二、工程定额

（一）工程建设定额的分类

定额是一种规定的额度或称数量标准。工程建设定额就是完成某一建筑产品所须消耗的人力、物力和财力的数量标准。定额是企业科学管理的产物，工程定额反映了在一定社会生产力水平的条件下，建设工程施工的管理和技术水平。

在建筑安装施工生产中，根据需要而采用不同的定额。例如用于企业内部管理的企业定额。又如为了计算工程造价，要使用估算指标、概算定额、预算定额（包括基础定额）、费用定额等。因此，工程建设定额可以从不同的角度进行分类。

1. 按定额反映的生产要素消耗内容分类

（1）劳动定额

劳动定额规定了在正常施工条件下某工种某等级的工人，生产单位合格产品所须消耗的劳动时间，或是在单位时间内生产合格产品的数量。

（2）材料消耗定额

材料消耗定额是在节约和合理使用材料的条件下，生产单位合格产品所必须消耗的一定品种规格的原材料、半成品、成品或结构构件的消耗量。

（3）机械台班消耗量定额

机械台班消耗量定额是在正常施工条件下，利用某种机械，生产单位合格产品所必须消耗的机械工作时间，或是在单位时间内机械完成合格产品的数量。

2. 按定额的不同用途分类

（1）施工定额

施工定额是企业内部使用的定额，以同一性质的施工过程为研究对象，由劳动定额、材料消耗定额、机械台班消耗定额组成。它既是企业投标报价的依据，也是企业控制施工成本的基础。

（2）预算定额

预算定额是编制工程预结算时计算和确定一个规定计量单位的分项工程或结构构件的人工、材料、机械台班耗用量（或货币量）的数量标准。它是以施工定额为基础的综合扩大。

（3）概算定额

概算定额是编制扩大初步设计概算时和确定扩大分项工程的人工、材料、机械台班耗用量（或货币量）的数量标准。它是预算定额的综合扩大。

（4）概算指标

概算指标是在初步设计阶段编制工程概算所采用的一种定额，是以整个建筑物或构筑物为对象，以“平方米”“立方米”或“座”等为计量单位规定人工、材料、机械台班耗用量的数量标准。它比概算定额更加综合扩大。

（5）投资估算指标

投资估算指标是在项目建议书和可行性研究阶段编制、计算投资需要量时使用的一种定额，一般以独立的单项工程或完整的工程项目为对象，编制和计算投资需要量时使用的一种定额。它也是以预算定额、概算定额为基础的综合扩大。

3. 按定额的编制单位和执行范围分类

（1）全国统一定额

全国统一定额是由国家建设行政主管部门根据全国各专业工程的生产技术与组织管理情况而编制的，在全国范围内执行的定额，如《全国统一安装工程预算定额》等。

（2）地区统一定额

按照国家定额分工管理的规定，由各省、直辖市、自治区建设行政主管部门根据本地区情况编制的，在其管辖的行政区域内执行的定额，如各省、直辖市、自治区的《建筑工程预算定额》等。

（3）行业定额

按照国家定额分工管理的规定，由各行业部门根据本行业情况编制的，只在本行业和相同专业性质使用的定额，如交通运输部发布的《公路工程预算定额》等。

（4）企业定额

由企业根据自身具体情况编制，在本企业内部使用的定额，如施工企业定额等。

（5）补充定额

当现行定额项目不能满足生产需要时，根据现场实际情况一次性补充定额，并报当地造价管理部门批准或备案。

4. 按照投资的费用性质分类

（1）建筑工程定额

建筑工程一般是指房屋和构筑物工程。其包括土建工程，电气工程（动力、照明、弱电），暖通工程（给排水及暖、通风工程），工业管道工程，特殊构筑物工程等。其在广义上被理解为包含其他各类工程的统称，如道路、铁路、桥梁、隧道、运河、堤坝、港口、电站、机场等工程。建筑工程定额在整个工程建设定额中是一种非常重要的定额，在定额管理中占有突出的地位。

（2）设备安装工程定额

设备安装工程是对需要安装的设备进行定位、组合、校正、调试等工作的工程。在工业项目中，机械设备安装和电气设备安装工程占有重要地位。在非生产性的建设项目中，由于社会生活和城市设施的日益现代化，设备安装工程量也在不断增加。

设备安装工程定额和建筑工程定额是两种不同类型的定额。一般都要分别编制，各自独立。但是设备安装工程和建筑工程是单项工程的两个有机组成部分，在施工中有时间连续性，也有作业的搭接和交叉，互相协调，在这个意义上通常把建筑和安装工程作为一个施工过程来看待，即建筑安装工程。所以有时将其合二为一，称为建筑安装工程定额。

（3）建筑安装工程费用定额

建筑安装工程费用定额是指与建筑安装施工生产的个别产品无关，而为企业生产全部产品，为维持企业的经营管理活动所必须产生的各项费用开支的费用消耗标准。

（4）工程建设其他费用定额

工程建设其他费用定额是独立于建筑安装工程、设备和工器具购置之外的其他费用开支的标准。工程建设的其他费用的产生和整个项目的建设密切相关。

（二）预算定额、概算定额和估算指标

1. 预算定额

（1）预算定额的概念

预算定额是建筑工程预算定额和安装工程预算定额的总称。随着我国推行工程量清单计价，一些地方出现综合定额、工程量清单计价定额、工程消耗量定额等，但其本质上仍应归于预算定额一类。

预算定额是计算和确定一个规定计量单位的分项工程或结构构件的人工、材料和施工机械台班消耗的数量标准。

（2）预算定额的作用

①预算定额是编制施工图预算、确定工程造价的依据。

②预算定额是建筑安装工程在工程招投标中确定招投标控制价和招投标报价的依据。

③预算定额是建设单位拨付工程价款、建设资金和编制竣工结算的依据。

④预算定额是施工企业编制施工计划，确定劳动力、材料、机械台班需用量计划和统计完成工程量的依据。

⑤预算定额是施工企业实施经济核算制、考核工程成本的参考依据。

⑥预算定额是对设计方案和施工方案进行技术经济评价的依据。

⑦预算定额是编制概算定额的基础。

（3）预算定额的编制原则

①社会平均水平的原则

预算定额理应遵循价值规律的要求，按生产该产品的社会平均必要劳动时间来确定其价值，即在正常施工条件下，以平均的劳动强度、平均的技术熟练程度，在平均的技术装备条件下，完成单位合格产品所需的劳动消耗量就是预算定额的消耗量水平。这种以社会平均劳动时间来确定的定额水平，就是通常所说的社会平均水平。

②简明适用的原则

定额的简明与适用是统一体中的两方面，要求既简明又适用。一般地说，如果只强调简明，适用性就差；如果只强调适用，简明性就差。因此预算定额要在适用的基础上力求简明。

（4）预算定额的编制依据

①全国统一劳动定额、全国统一基础定额。

②现行的设计规范、施工验收规范、质量评定标准和安全操作规程。

③通用的标准图和已选定的典型工程施工图纸。

④推广的新技术、新结构、新材料、新工艺。

⑤施工现场测定资料、实验资料和统计资料。

⑥现行预算定额及基础资料和地区材料预算价格、工资标准及机械台班单价。

（5）预算定额的编制步骤

预算定额的编制一般分为以下三个阶段进行。

①准备工作阶段。

a. 根据国家或授权机关关于编制预算定额的指示，由工程建设定额管理部门主持，成立编制预算定额的领导机构和各专业小组。

b. 拟订编制预算定额的工作方案，提出编制预算定额的基本要求，确定预算定额的编制原则、适用范围，确定项目划分以及预算定额表格形式等。

c. 调查研究、收集各种编制依据和资料。

②编制初稿阶段。

a. 对调查和收集的资料进行深入细致的分析研究。

b. 按编制方案中项目划分的规定和所选定的典型施工图纸计算出工程量，并根据取定的各项消耗指标和有关编制依据，计算分项定额中的人工、材料和机械台班消耗量，编制出预算定额项目表。

c.测算预算定额水平。预算定额征求意见稿编出后，应将新编预算定额与原预算定额进行比较，测算新预算定额水平是提高还是降低，并分析预算定额水平提高或降低的原因。

③修改和审查计价定额阶段。

组织基本建设有关部门讨论《预算定额征求意见稿》，将征求的意见交编制小组重新修改定稿，并写出预算定额编制说明和送审报告，连同预算定额送审稿报送主管机关审批。

（6）预算定额各消耗量指标的确定

①预算定额计量单位的确定

预算定额计量单位的选择，与预算定额的准确性、简明适用性及预算工作的繁简有着密切的关系。因此，在计算预算定额各种消耗量之前，应首先确定其计量单位。

在确定预算定额计量单位时，首先应考虑该单位能否反映单位产品的工、料消耗量，保证预算定额的准确性。其次，其要有利于减少定额项目，保证定额的综合性。最后，其要有利于简化工程量计算和整个预算定额的编制工作，保证预算定额编制的准确性和及时性。

由于各分项工程的形体不同，预算定额的计量单位应根据上述原则和要求，按照分项工程的形体特征和变化规律来确定。凡物体的长、宽、高三个度量都在变化时，应采用“立方米”为计量单位。当物体有一固定的厚度，而它的长和宽两个度量所决定的面积不固定时，宜采用“平方米”为计量单位。如果物体截面形状大小固定，但长度不固定时，应以“延长米”为计量单位。有的分部分项工程体积、面积相同，但重量和价格差异很大（如金属结构的制作、运输、安装等），应当以质量单位“千克”或“吨”计算。有的分项工程还可以按“个”“组”“座”“套”等自然计量单位计算。

预算定额单位确定以后，在预算定额项目表中，常采用所取单位的10倍、100倍等倍数的计量单位来制定预算定额。

②预算定额消耗量指标的确定

根据劳动定额、材料消耗定额、机械台班定额来确定消耗量指标。

a.按选定的典型工程施工图及有关资料计算工程量。计算工程量的目的是综合组成分项工程各实物量的比重，以便采用劳动定额、材料消耗定额、机械台班定额计算出综合后的消耗量。

b.人工消耗指标的确定。预算定额中的人工消耗指标是指完成该分部分项工程必须消耗的各种用工，包括基本用工、材料超运距用工、辅助用工和人工幅度差。

基本用工。基本用工指完成该分项工程的主要用工，如砌砖工程中的砌砖、调制砂浆、运砖等的用工；将劳动定额综合成预算定额的过程中，还要增加砌附墙烟囱孔、垃圾道等的用工。

材料超运距用工。预算定额中的材料、半成品的平均运距要比劳动定额的平均运距远，因此超过劳动定额运距的材料要计算超运距用工。

辅助用工。辅助用工指施工现场发生的加工材料等产生的用工，如筛沙子、淋石灰膏的用工。

人工幅度差。人工幅度差主要指正常施工条件下，劳动定额中没有包含的用工因素，如各工种交叉作业配合工作的停歇时间，工程质量检查和工程隐蔽、验收等所占的时间。

c. 材料消耗指标的确定。由于预算定额是在基础定额的基础上综合而成的，所以其材料用量也要综合计算。

d. 施工机械台班消耗指标的确定。预算定额的施工机械台班消耗指标的计量单位是台班。按现行规定，每个工作台班按机械工作 8h 计算。

预算定额中的机械台班消耗指标应按《全国统一劳动定额》中各种机械施工项目所规定的台班产量进行计算。

预算定额中以使用机械为主的项目（如机械挖土、空心板吊装等），其工人组织和台班产量应按劳动定额中的机械施工项目综合而成。此外，还要相应增加机械幅度差。

预算定额项目中的施工机械是配合工人班组工作的，所以，施工机械要按工人小组配置使用，如砌墙是按工人小组配置塔吊、卷扬机、砂浆搅拌机等。配合工人小组施工的机械不增加机械幅度差。

其计算公式：

$$=\frac{\text{分项定额计量单位值}}{\text{小组总人数}\times\sum(\text{分项计算的取定比重}\times\text{劳动定额综合产量})}$$

或

$$\text{分项定额机械台班使用量}=\frac{\text{分项定额计量单位量}}{\text{小组总产量}} \quad (2\text{–}1)$$

（7）编制定额项目表

当分项工程的人工、材料和机械台班消耗量指标确定后，就可以着手编制定额项目表。

在项目表中，工程内容可以按编制时即包括的综合分项内容填写；人工消耗量指标可按工种分别填写工日数；材料消耗量指标应列出主要材料名称、单位和实物消耗量；机械台班使用量指标应列出主要施工机械的名称和台班数。人工和中小型施工机械也可用“人工费和中小型机械费”表示。

（8）预算定额的编排

定额项目表编制完成后，对分项工程的人工、材料和机械台班消耗量列上单价（基期价格），从而形成量价合一的预算定额。各分部分项工程人工、材料、机械单价所汇总的价称基价，在具体应用中，按工程所在地的市场价格进行价差调整，体现量、价分离的原则，即定额量、市场价原则。预算定额主要包括文字说明、分项定额消耗量指标和附录三部分。

①定额文字说明

文字说明包括总说明、建筑面积计算规则、分部说明和分节说明。

A. 总说明。

a. 编制预算定额各项依据。

b. 预算定额的使用范围。

c. 预算定额的使用规定及说明。

B. 建筑面积计算规则。

C. 分部说明。

a. 分部工程包括的子目内容。

b. 有关系数的使用说明。

c. 工程量计算规则。

d. 特殊问题处理方法的说明。

D. 分节说明。主要包括本节定额的工程内容说明。

②分项工程定额消耗指标

各分项定额的消耗指标是预算定额最基本的内容。

③附录

a. 建筑安装施工机械台班单价表。

b. 砂浆、混凝土配合比表。

c. 材料、半成品、成品损耗率表。

d. 建筑工程材料基价。

附录的主要用途是对预算定额的分析、换算和补充。

2. 概算定额及概算指标

（1）概算定额概念

概算定额又称扩大结构定额，规定了完成单位扩大分项工程或单位扩大结构构件所必须消耗的人工、材料和机械台班的数量标准。

概算定额是由预算定额综合而成的。按照《建设工程工程量清单计价规范》（GB

50500—2013）的要求，为适应工程招标投标的需要，有的地方预算定额项目的综合部分已与概算定额项目一致，如挖土方只有一个项目，不再划分一、二、三、四类土；砖墙也只有一个项目，综合了外墙、半砖、一砖、一砖半、二砖、二砖半墙等；化粪池、水池等按“座”计算，综合了土方、砌筑或结构配件全部项目。

（2）概算定额的主要作用

①概算定额是扩大初步设计阶段编制设计概算和技术设计阶段编制修正概算的依据。

②概算定额是对设计项目进行技术经济分析和比较的基础资料之一。

③概算定额是编制建设项目主要材料计划的参考依据。

④概算定额是编制概算指标的依据。

⑤概算定额是编制招标控制价和投标报价的依据。

（3）概算定额的编制依据

①现行的预算定额。

②选择的典型工程施工图和其他有关资料。

③人工工资标准、材料预算价格和机械台班预算价格。

（4）概算定额的编制步骤

①准备工作阶段。

该阶段的主要工作是确定编制机构和人员组成，进行调查研究，了解现行概算定额的执行情况和存在的问题，明确编制定额的项目。在此基础上，制订出编制方案和确定概算定额项目。

②编制初稿阶段。

该阶段根据制订的编制方案和确定的定额项目，收集和整理各种数据，对各种资料进行深入细致的测算和分析，确定各项目的消耗指标，最后编制出定额初稿。

该阶段要测算概算定额水平。其内容包括两方面：新编概算定额与原概算定额的水平测算；概算定额与预算定额的水平测算。

③审查定稿阶段。

该阶段要组织有关部门讨论定额初稿，在听取合理意见的基础上进行修改，最后将修改稿报请上级主管部门审批。

（5）概算指标

概算指标是以整个建筑物或构筑物为对象，以“平方米”“立方米”或“座”等为计量单位，规定了人工、材料、机械台班的消耗指标的一种标准。

①概算指标的主要作用

a. 概算指标是基本建设管理部门编制投资估算和编制基本建设计划，估算主要材料用量计划的依据。

b. 概算指标是设计单位编制初步设计概算、选择设计方案的依据。

c. 概算指标是考核基本建设投资效果的依据。

②概算指标的主要内容和形式

概算指标的内容和形式没有统一的格式。一般包括以下内容：

a. 工程概况，包括建筑面积、建筑层数、建筑地点、时间、工程各部位的结构及做法等。

b. 工程造价及费用组成。

c. 每平方米建筑面积的工程量指标。

d. 每平方米建筑面积的工料消耗指标。

3. 投资估算指标

（1）投资估算指标的作用

工程建设投资估算指标是编制项目建议书、可行性研究报告等前期工作阶段投资估算的依据，也可以作为编制固定资产长远规划投资额的参考。投资估算指标为完成项目建设的投资估算提供依据和手段，它在固定资产的形成过程中起着投资预测、投资控制、投资效益的分析作用，是合理确定项目投资的基础。估算指标中的主要材料消耗量也是一种扩大材料消耗量的指标，可以作为计算建设项目主要材料消耗量的基础。估算指标的正确制定对于提高投资估算的准确度，对建设项目的合理评估正确决策具有重要意义。

（2）投资估算指标的内容

投资估算指标是确定和控制建设项目全过程各项投资支出的技术经济指标，其范围涉及建设前期、建设实施期和竣工验收交付使用期等各个阶段的费用支出，内容因行业不同各异，一般可分为建设项目综合指标、单项工程指标和单位工程指标三个层次。

①建设项目综合指标

建设项目综合指标指按规定应列入建设项目总投资的从立项筹建开始至竣工验收交付使用的全部投资额，包括单项工程投资、工程建设其他费用和预备费等。

建设项目综合指标一般以项目的综合生产能力单位投资表示（如元 / 吨、元 / 千瓦）或以使用功能表示（如医院床位：元 / 床位）。

②单项工程指标

单项工程指标指按规定应列入能独立发挥生产能力或使用效益的单项工程内的全部投资额，包括建筑工程费、安装工程费、设备及生产工器具购置费和其他费用。

单项工程指标一般以单项工程生产能力单位投资，如元/吨或其他单位表示。如变电站：元/（千伏·安）；锅炉房：元/蒸汽吨；供水站：元/米^3；办公室、仓库、宿舍、住宅等房屋建筑工程：元/米^2。

③单位工程指标。

单位工程指标按规定应列入能独立设计、施工的工程项目的费用，即建筑安装工程费用。

（3）投资估算指标的编制方法

投资估算指标的编制工作，涉及建设项目的产品规模、产品方案、工艺流程、设备选型、工程设计和技术经济等各个方面，既要考虑到现阶段技术状况，又要展望未来技术发展趋势和设计动向，从而可以指导以后建设项目的实践。编制一般分为三个阶段进行：

①收集整理资料阶段

收集整理已建成或正在建设的、符合现行技术政策和技术发展方向、有可能重复采用的、有代表性的工程设计施工图、标准设计以及相应的竣工决算或施工图预算资料等。将整理后的数据资料按项目划分栏目加以归类，按照编制年度的现行定额、费用标准和价格，调整成编制年度的造价水平及相互比例。

②平衡调整阶段

由于调查收集的资料来源不同，虽然经过一定的分析整理，但难免会由于设计方案、建设条件和建设时间上的差异带来的某些影响，使数据失准或漏项等。必须对有关资料进行综合平衡调整。

③测算审查阶段

测算是将新编的指标和选定工程的概预算，在同一价格条件下进行比较，检验其“量差”的偏离程度是否在允许偏差的范围以内，如偏差过大，则要查找原因，进行修正，以保证指标的确切、实用。由于投资估算指标的计算工作量非常大，在现阶段计算机已经广泛普及的条件下，应尽可能应用电子计算机进行投资估算指标的编制工作。

（三）人工、材料、机械台班消耗量定额

人工、材料、机械台班消耗量以劳动定额、材料消耗量定额、机械台班消耗量定额的形式来表示，它是工程计价最基础的定额，是地方和行业部门编制预算定额的基础，也是个别企业依据其自身的消耗水平编制企业定额的基础。

1. 劳动定额

（1）劳动定额的概念

劳动定额亦称人工定额，指在正常施工条件下，某等级工人在单位时间内完成合格产

品的数量或完成单位合格产品所需的劳动时间。其按表现形式的不同，可分为时间定额和产量定额，是确定工程建设定额人工消耗量的主要依据。

（2）劳动定额的分类及其关系

①劳动定额的分类

劳动定额分为时间定额和产量定额。

a. 时间定额。时间定额是指某工种某等级的工人或工人小组在合理的劳动组织等施工条件下，完成单位合格产品所必须消耗的工作时间。

b. 产量定额。产量定额是指某工种某等级的工人或工人小组在合理的劳动组织等施工条件下，在单位时间内完成合格产品的数量。

②时间定额与产量定额的关系

时间定额与产量定额互为倒数的关系，即

$$\text{时间定额}=\frac{1}{\text{产量定额}} \quad (2\text{–}2)$$

（3）工作时间

完成任何施工过程，都必须消耗一定的工作时间。要研究施工过程中的工时消耗量，就必须对工作时间进行分析。

工作时间是指工作班的延续时间。建筑安装企业工作班的延续时间为 8h（每个工日）。

对工作时间的研究，是将劳动者整个生产过程中所消耗的工作时间，根据其性质、范围和具体情况进行科学划分、归类，明确规定哪些属于定额时间，哪些属于非定额时间，找出非定额时间损失的原因，以便拟定技术组织措施，消除产生非定额时间的因素，以充分利用工作时间，提高劳动生产率。

对工作时间的研究和分析，可以分为工人工作时间和机械工作时间两个系统进行。

①工人工作时间

工人工作时间可以划分为定额时间和非定额时间两大类。

A. 定额时间。定额时间是指工人在正常施工条件下，为完成一定数量的产品或任务所必须消耗的工作时间。包括：

a. 准备与结束工作时间：工人在执行任务前的准备工作（包括工作地点、劳动工具、劳动对象的准备）和完成任务后的整理工作时间。

b. 基本工作时间：工人完成与产品生产直接有关的工作时间，如砌砖施工过程的挂线、铺灰浆、砌砖等工作时间。基本工作时间一般与工作量的大小成正比。

c. 辅助工作时间：为了保证基本工作顺利完成而同技术操作无直接关系的辅助性工作

时间，如修磨校验工具、移动工作梯、工人转移工作地点等所需时间。

d. 休息时间：工人为恢复体力所必需的休息时间。

e. 不可避免的中断时间：由于施工工艺特点所引起的工作中断时间，如汽车司机等候装货的时间，安装工人等候构件起吊的时间等。

B. 非定额时间。

a. 多余和偶然工作时间：在正常施工条件下不应产生的时间消耗，如拆除超过图示高度的多余墙体的时间。

b. 施工本身造成的停工时间：由于气候变化和水、电源中断而引起的中断时间。

c. 违反劳动纪律的损失时间：在工作班内工人迟到、早退、闲谈、办私事等原因造成的工时损失。

②机械工作时间

机械工作时间的分类与工人工作时间的分类相比，有一些不同点，如在必须消耗的时间中所包含的有效工作时间的内容不同。通过分析可知，两种时间的不同是由机械本身的特点所决定的。

A. 定额时间。

a. 有效工作时间：包括正常负荷下的工作时间，有根据地降低负荷下的工作时间。

b. 不可避免的无负荷工作时间：由施工工程的特点所造成的无负荷工作时间，如推土机到达工作段终端后倒车时间，起重机吊完构件后返回构件堆放地点的时间等。

c. 不可避免的中断时间：与工艺过程的特点、机械使用中的保养、工人休息等有关的中断时间，如汽车装卸货物的停车时间，给机械加油的时间，工人休息时的停机时间。

B. 非定额时间。

a. 机械多余的工作时间：机械完成任务时无须包括的工作占用时间，如灰浆搅拌机搅拌时多运转的时间，工作时未及时供料而使机械空运转的延续时间。

b. 机械停工时间：由施工组织不好及气候条件影响所引起的停工时间，如未及时给机械加水、加油而引起的停工时间。

c. 违反劳动纪律的停工时间：由于工作迟到、早退等原因引起的机械停工时间。

①经验估计法

经验估计法是根据定额员、技术员、生产管理人员和老工人的实际工作经验，对生产某一产品或完成某项工作所需的人工、机械台班、材料数量进行分析、讨论和估算，并最终确定定额耗用量的一种方法。

②统计计算法。

统计计算法是一种运用过去统计资料确定定额的方法。

③技术测定法。

技术测定法是通过对施工过程的具体活动进行实地观察，详细记录工人和机械的工作时间消耗、完成产品数量及有关影响因素，并将记录结果予以研究、分析，去伪存真，整理出可靠的原始数据资料，为制定定额提供科学依据的一种方法。

④比较类推法。

比较类推法也叫典型定额法，是指在相同类型的项目中，选择有代表性的典型项目，然后根据测定的定额用比较类推的方法编制其他相关定额的一种方法。

2. 材料消耗定额

（1）材料消耗定额的概念

材料消耗定额是指在正常的施工条件和合理使用材料的情况下，生产质量合格的单位产品所必须消耗的建筑安装材料的数量标准。

（2）净用量定额和损耗量定额

材料消耗定额包括：

①直接用于建筑安装工程上的材料。

②不可避免产生的施工废料。

③不可避免的材料施工操作损耗。

其中直接构成建筑安装工程实体的材料称为材料消耗净用量定额，不可避免的施工废料和材料施工操作损耗量称为材料损耗量定额。

材料消耗用量定额与损耗量定额之间具有下列关系：

材料消耗定额（材料总消耗量）= 材料消耗净用量 + 材料损耗量

（即：材料损耗量 = 材料净用量 × 损耗率）（2–3）

（3）编制材料消耗定额的基本方法

①现场技术测定法

使用该方法主要是为了取得编制材料损耗定额的资料。材料消耗中的净用量比较容易确定，但材料消耗中的损耗量不能随意确定，须通过现场技术测定来区分哪些属于难于避免的损耗，哪些属于可以避免的损耗，从而确定出较准确的材料损耗量。

②试验法

试验法是在实验室内采用专用的仪器设备，通过试验的方法来确定材料消耗定额的一种方法。用这种方法取得的数据，虽然精确度高，但容易脱离现场实际情况。

③统计法

统计法是通过对现场用料的大量统计资料进行分析计算的一种方法。用该方法可获得材料消耗的各项数据，用以编制材料消耗定额。

④理论计算法

理论计算法是运用一定的计算公式计算材料消耗量，确定消耗定额的一种方法。其较适用于计算块状、板状、卷状等材料的消耗量。

A. 砖砌体材料用量计算：

标准砖砌体中，标准砖、砂浆用量计算公式：

$$每立方米砌体标准净用量(块)=\frac{2\times 墙厚的砖数}{墙厚\times(砖长+灰缝)\times(砖厚+灰缝)} \quad (2\text{–}4)$$

B. 各种块料面层的材料用量计算：

$$每100m^2块料面层中块料净用量=\frac{100}{(块料长+灰缝)\times(块料宽+灰缝)} \quad (2\text{–}5)$$

每 100m^2 块料面层中灰缝砂浆净用量（m^3）=（100– 块料净用量块料长 × 块料宽）× 块料厚（2–6）

每 100 m^3 块料面层中结合砂浆净用量（m^3）=100× 结合层厚（2–7）

各种材料总耗量 = 净用量 ×（1+ 损耗率）（2–8）

C. 周转性材料消耗量计算。建筑安装施工中除了耗用直接构成工程实体的各种材料、成品、半成品外，还需要耗用一些工具性的材料，如挡土板、脚手架及模板等。这类材料在施工中不是一次消耗完，而是随着使用次数逐渐消耗的，故称为周转性材料。

周转性材料在定额中是按照多次使用，多次摊销的方法计算。定额表中规定的数量是使用一次摊销的实物量。

a. 考虑模板周转使用补充和回收的计算：

摊销量 = 周转使用量 – 回收量（2–9）

$$周转使用量=\frac{一次使用量+一次使用量\times(周转次数-1)\times 损耗率}{周转次数} \quad (2\text{–}10)$$

b. 不考虑周转使用补充和回收量的计算公式：

$$摊销量=\frac{一次使用量}{周转次数} \quad (2\text{–}11)$$

3. 施工机械台班定额

施工机械台班定额是施工机械生产率的反映，编制高质量的施工机械台班定额是合理组织机械化施工，有效地利用施工机械，进一步提高机械生产率的必备条件。编制施工机械台班定额，主要包括以下内容：

（1）拟定正常的施工条件

机械操作与人工操作相比，劳动生产率在更大的程度上受施工条件的影响，所以更要重视拟定正常的施工条件。

（2）确定施工机械纯工作 1 h 的正常生产率

确定施工机械正常生产率必须先确定施工机械纯工作 1 h 的劳动生产率。因为只有先取得施工机械纯工作 1 h 正常生产率，才能根据施工机械利用系数计算出施工机械台班定额。

施工机械纯工作时间，就是指施工机械必须消耗的净工作时间，它包括正常工作负荷下，有根据降低负荷下、不可避免的无负荷时间和不可避免的中断时间。施工机械纯工作 1h 的正常生产率，就是在正常施工条件下，由具备一定技能的技术工人操作施工机械净工作 1h 的劳动生产率。

确定机械纯工作 1 h 正常劳动生产率可以分为三步进行。

第一步，计算施工机械 1 次循环的正常延续时间。

第二步，计算施工机械纯工作 1 h 的循环次数。

第三步，求施工机械纯工作 1h 正常生产率。

（3）确定施工机械的正常利用系数

机械的正常利用系数，是指机械在工作班内工作时间的利用率。机械正常利用系数与工作班内的工作状况有着密切的关系。

确定机械正常利用系数。首先，要计算工作班在正常状况下，准备与结束工作、机械开动、机械维护等工作所必须消耗的时间，以及机械有效工作的开始与结束时间；然后，再计算机械工作班的纯工作时间；最后确定机械正常利用系数。

$$\text{机械正常利用系数} = \frac{\text{工作班内机械纯工作时间}}{\text{机械工作班延续时间}} \tag{2-12}$$

（4）计算机械台班定额

计算机械台班定额是编制机械台班定额的最后一步。在确定了机械工作正常条件、机械 1 h 纯工作时间正常生产率和机械利用系数后，就可确定机械台班的定额指标。

施工机械台班产量定额 = 机械纯工作 1 h 正常生产率 × 工作班延续时间 × 机械正常

利用系数

三、工程量清单

根据《建设工程工程量清单计价规范》（GB 50500 —2013），工程量清单是指载明建设工程分部分项工程项目、措施项目、其他项目的名称和相应数量以及规费、税金项目等内容的明细清单。

招标工程量清单应由具有编制能力的招标人或受其委托、具有相应资质的工程造价咨询人或招标代理人编制。招标工程量清单必须作为招标文件的组成部分，其准确性和完整性由招标人负责。招标工程量清单是工程量清单计价的基础，应作为编制招标控制价、投标报价、计算或调整工程量、施工索赔等的依据之一。

编制招标工程量清单应依据：

第一，《建设工程工程量清单计价规范》（GB 50500 —2013）和现行国家标准《建设工程工程量清单计价规范》（GB 50500）。

第二，国家或省级、行业建设主管部门颁发的计价定额和办法。

第三，建设工程设计文件及相关资料。

第四，与建设工程有关的标准、规范、技术资料。

第五，拟定的招标文件。

第六，施工现场情况、地勘水文资料、工程特点及常规施工方案。

第七，其他相关资料。

（一）工程量清单的组成

根据《建设工程工程量清单计价规范》（GB 50500 —2013）的规定，工程量清单的组成内容如下：

1. 封面
2. 总说明
3. 分部分项工程量清单与计价表
4. 措施项目清单与计价表
5. 其他项目清单
6. 规费、税金项目清单与计价表等

（二）分部分项工程量清单的编制

分部分项工程量清单是指完成拟建工程的实体工程项目数量的清单。其由招标人根据《建设工程工程量清单计价规范》（GB 50500—2013）附录规定的项目编码、项目名称、项目特征、计量单位和工程量计算规则进行编制。

1. 分部分项工程量清单的项目编码

分部分项工程量清单的项目编码，按五级设置，用12位阿拉伯数字表示。一、二、三、四级编码，即第1～9位应按《建设工程工程量清单计价规范》（GB 50500—2013）附录的规定设置；第五级编码，即第10～12位应根据拟建工程的工程量清单项目名称由其编制人设置，同一招标工程的项目编码不得有重码。各级编码代表含义如下：

①第一级表示分附录顺序码（分两位）。附录A建筑工程为01，附录B装饰装修工程为02，附录C安装工程为03，附录D市政工程为04，附录E园林绿化工程为05，附录F矿山工程为06。

②第二级表示专业工程顺序码（分两位）。如0104为附录A的第四章“砌筑工程”；0304为附录C的第四章“电气设备安装工程”。

③第三级表示分部工程顺序码（分两位）。如010401为砌筑工程的第一节“砖砌体”。

④第四级表示清单项目（分项工程）名称码（分三位）如010401003为砖砌体中的“实心砖墙”。

⑤第五级表示拟建工程量清单项目顺序码（分三位）。由编制人依据项目特征的区别，从001开始，共999个码可供使用。如用MU20页岩标准砖，M7.5混合砂浆砌混水墙，可编码为：010401001001，其余类推。

2. 分部分项工程量工程量清单的项目名称

项目名称应按《建设工程工程量清单计价规范》（GB 50500—2013）附录的项目名称与项目特征并结合拟建工程的实际确定。《建设工程工程量清单计价规范》（GB 50500—2013）没有的项目，编制人可做相应补充，并报省级或行业工程造价管理机构备案。省级或行业工程造价管理机构应汇总报住房和城乡建设部标准定额研究所。

3. 分部分项工程量清单的计量单位

分部分项工程量清单的计量单位应按《建设工程工程量清单计价规范》（GB 50500—2013）附录中规定的计量单位确定。

在工程量清单编制时，有的分部分项工程项目在《建设工程工程量清单计价规范》（GB 50500—2013）中有两个以上计量单位，对具体工程量清单项目只能根据《建设工程工程量清单计价规范》（GB 50500—2013）的规定选择其中一个计量单位。《建设工程工程量清单计价规范》GB 50500 —2013）中没有具体选用规定时，清单编制人可以根据具体的情况选择其中的一个。例如《建设工程工程量清单计价规范》（GB 50500 —2013）对“A21 混凝土桩”的“预制钢筋混凝土桩”计量单位有“m”和“根”两个计量单位，但是没有具体的选用规定，在编制该项目清单时清单编制人可以根据具体情况选择“m”或者“根”作为计量单位。又如《建设工程工程量清单计价规范》（GB 50500 —2013）对“A.3.2 砖砌体”中的“零星砌砖”的计量单位为“m^3”“m^2”“m”“个”四个计量单位，但是规定了“砖砌锅台与炉灶可按外形尺寸以‘个’计算，砖砌台阶可按水平投影面积以 m^3 计算，小便槽、地垄墙可按长度计算，其他工程量按 m^2 计算”，所以在编制该项目的清单时，应根据《建设工程工程量清单计价规范》（GB 50500 —2013）的规定选用。

4. 分部分项工程量清单的工程数量

分部分项工程量清单中的工程数量，应按《建设工程工程量清单计价规范》（GB 50500 —2013）附录中规定的工程量计算规则计算。

由于清单工程量是招标人根据设计计算的数量，仅作为投标人投标报价的共同基础，工程结算的数量按合同双方认可的实际完成的工程量确定。所以，清单编制人应该按照《建设工程工程量清单计价规范》（GB 50500 —2013）的工程量计算规则，对每一项的工程量进行准确计算，从而避免业主承受不必要的工程索赔。

5. 分部分项工程量清单项目的特征描述

项目特征是用来表述项目名称的实质内容，用于区分同一清单条目下各个具体的清单项目。由于项目特征直接影响工程实体的自身价值，关系到综合单价的准确确定，因此项目特征的描述，应根据《建设工程工程量清单计价规范 XGB 50500 —2013）项目特征的要求，结合技术规范、标准图集、施工图纸，按照工程结构、使用材质及规格或安装位置等予以详细表述和说明。由于种种原因，对同一项目特征，不同的人会有不同的描述。尽管如此，对体现项目特征的区别和对报价有实质影响的内容必须描述，内容的描述可按以下方面把握：

（1）必须描述的内容如下：

①涉及正确计量计价的必须描述，如门窗洞口尺寸或框外围尺寸。

②涉及结构要求的必须描述，如混凝土强度等级（C20 或 C30）。

③涉及施工难易程度的必须描述，如抹灰的墙体类型（砖墙或混凝土墙）。

④涉及材质要求的必须描述，如油漆的品种、管材的材质（碳钢管、无缝钢管）。

（2）可不描述的内容如下：

①对项目特征或计量计价没有实质影响的内容可以不描述，如混凝土柱高度、断面大

小等。

②应由投标人根据施工方案确定的内容可不描述，如预裂爆破的单孔深度及装药量等。

③应由投标人根据当地材料确定的内容可不描述，如混凝土拌和料使用的石子种类及粒径、砂的种类等。

④应由施工措施解决的内容可不描述，如现浇混凝土板、梁的标高等。

（3）可不详细描述的内容如下：

①无法准确描述的内容可不详细描述，如土壤类别可描述为综合等（对工程所在具体地点来讲，应由投标人根据地勘资料确定土壤类别，决定报价）。

②施工图、标准图已标注明确的，可不再详细描述。可描述为“见某图集某图号”等。

③还有一些项目可不详细描述，但清单编制人在项目特征描述中应注明由投标人自定，如“挖基础土方”中的土方运距等。

对规范中没有项目特征要求的少数项目，但又必须描述的应予描述：如 A.5.1“长库房大门、特种门”，规范以“樘 /m²”作为计量单位，如果选择以“樘”计量，“框外围尺寸”就是影响报价的重要因素，因此必须描述，以便投标人准确报价。同理，B.4.1“木门”、B.5.1“门油漆”、B.5.2“窗油漆”也是如此。

需要指出的是，《建设工程工程量清单计价规范》GB 50500 —2013）附录中“项目特征”与“工程内容”是两个不同性质的规定。项目特征必须描述，因其讲的是工程实体特征，直接影响工程的价值。工程内容无须描述，因其主要讲的是操作程序，二者不能混淆。例如砖砌体的实心砖墙，按照《建设工程工程量清单计价规范》（GB 50500 —2013）“项目特征”栏的规定必须描述砖的品种是页岩砖还是煤灰砖；砖的规格是标砖还是非标砖，是非标砖就应注明规格尺寸；砖的强度等级是 MU10、MU15 还是 MU20，因为砖的品种、规格、强度等级直接关系到砖的价值；还必须描述墙体的厚度是一砖（240 mm）还是一砖半（370 mm）等；墙体类型是混水墙还是清水墙，清水是双面还是单面，或是一斗一卧围墙还是单顶全斗墙等，因为墙体的厚度、类型直接影响砌砖的工效以及砖、砂浆的消耗量。还必须描述是否勾缝，是原浆还是加浆勾缝；如是加浆勾缝，还须注明砂浆配合比。还必须描述砌筑砂浆的强度等级是 M5、M7.5 还是 M10 等，因为不同强度等级、不同配比的砂浆，其价值是不同的。由此可见，这些描述均不可少，因为其中任何一项都影响了综合单价的确定。而《建设工程工程量清单计价规范》（GB 50500 —2013）中“工程内容”中的砂浆制作、运输、砌砖、勾缝、砖压顶砌筑、材料运输则不必描述，因为，不描述这些工程内容，但承包商必然要操作这些工序，完成最终验收的砖砌体。

还需要说明，《建设工程工程量清单计价规范》GB 50500 —2013）在“实心砖墙”的“项目特征”及“工程内容”栏内均包括含有勾缝，但两者的性质不同，“项目特征”栏的勾缝体现的是实心砖墙的实体特征，而“工程内容”栏内的勾缝表述的是操作工序或称操作行为。因此，如果须勾缝，就必须在项目特征中描述，而不能因工程内容中有而不描述，否则，将视为清单项目漏项，而可能在施工中引起索赔。类似的情况在计价规范中还有很多，须引起注意。

清单编制人应该高度重视分部分项工程量清单项目特征的描述，任何不描述、描述不清均会在施工合同履约过程中产生分歧，导致纠纷、索赔。

措施项目清单指为完成工程项目施工，关于发生于该工程施工前和施工过程中的技术、生活、安全等方面的非工程实体项目的清单。

措施项目清单的编制应考虑多种因素，除工程本身的因素外还涉及水文、气象、环境、安全和承包商的实际情况等。《建设工程工程量清单计价规范》(GB 50500—2013)中的“措施项目表”只是作为清单编制人编制措施项目清单时的参考。因情况不同，出现表中没有的措施项目时，清单编制人可以自行补充。

表 2-1 措施项目一览表

序号	项目名称
1	脚手架工程
2	混凝土模板及支架（撑）
3	垂直运输
4	超高施工增加
5	大型机械设备进出场及安拆
6	施工排水、降水
7	安全文明施工（含环境保护、文明施工、安全施工、临时设施）
8	夜间施工
9	非夜间施工照明
10	二次搬运
11	冬雨季施工
12	地上、地下设施，建筑物的临时保护设施
13	已完工程及设备保护

由于措施项目清单中没有的项目承包商可以自行补充填报，所以，措施项目清单对于清单编制人来说，压力并不大，一般情况，清单编制人只需要填写最基本的措施项目即可。《建设工程工程量清单计价规范》（GB 50500—2013）中的措施项目见表 2-1。

措施项目中可以计算工程量的项目清单宜采用分部分项工程量清单的方式编制，列出项目编码、项目名称、项目特征、计量单位和工程量计算规则；不能计算工程量的项目清单，以“项”为计量单位编制。

其他项目清单指根据拟建工程的具体情况，在分部分项工程量清单和措施项目清单以外的项目，包括暂列金额、暂估价、计日工、总承包服务费等。

a. 暂列金额

暂列金额是业主在工程量清单中暂定并包括在合同价款中的一笔款项，是业主用于施工合同签订时尚未确定或者不可预见的所需材料、设备服务的采购，工程量清单漏项、有误引起的工程量的增加，施工中的工程变更引起标准提高或工程量的增加，施工中发生的索赔或现场签证确认的项目，以及合同约定调整因素出现时的工程价款调整等准备的备用金。国际上，一般用暂列金额来控制工程的投资追加金额。

暂列金额的数额大小与承包商没有关系，不能视为归承包商所有。竣工结算时，应该将暂列金额及其税金、规费从合同金额中扣除。

b. 暂估价

暂估价指由业主在工程量清单中提供的用于必然产生但暂时不能确定价格的材料设备的单价以及专业工程的金额。其是业主在招标阶段预见肯定要发生，只是因为标准不明确或者需要由专业承包人完成，暂时又无法确定具体价格时采用的一种价格形式。

业主确定为暂估价的材料，应在工程量清单中详细列出材料名称、规格、数量、单价等。确定为专业工程的应详细列出专业工程的范围。

c. 计日工

计日工是指在施工过程中，完成由业主提出的施工图纸或者合同约定以外的零星项目或工作所需的费用。

计日工表中列出的人工、材料、机械是为将来有可能发生的工程量清单以外的有关增加项目或零星用工而做的单价准备。清单编制人应该填写具体的暂估工程量。

与暂列金额一样，计日工的数额大小与承包商没有关系，不能视为归承包商所有。竣工结算时，应该按照实际完成的零星项目或工作结算。

d. 总承包服务费

总承包服务费是总承包商为配合协调业主进行的工程分包和自行采购的材料、设备等进行管理服务以及施工现场管理、竣工资料汇总整理等服务所需的费用。这里的工程分包，是指在招标文件中明确说明的国家规定允许业主单独分包的工程内容。

工程量清单编制人需要在其他项目清单中列出“总承包服务费”的项目，在说明中明确工程分包的具体内容。

e. 其他注意事项

其他项目清单由清单编制人根据拟建工程具体情况参照《建设工程工程量清单计价规范》（GB 50500 —2013）编制，该规范中未列出的项目，编制人可做补充，并在总说明中予以说明。

规费是指政府和有关权力部门规定必须缴纳的费用。具体项目由清单编制人根据《建设工程工程量清单计价规范 XGB 50500 —2013）列出的项目编制，未列出的项目，编制人应按照工程所在地政府和有关权力部门的规定编制。

税金指按国家税法规定，应计入建设工程造价内的营业税、城市维护建设税及教育费附加。

第二节 建筑安装工程费用

为了加强工程建设的管理，有利于合理确定工程造价，提高基本建设投资效益，国家统一了建筑、安装工程造价划分的口径。这一做法，使得工程建设各方在编制工程概预算、工程结算、工程招投标、计划统计、工程成本核算等方面的工作有了统一的标准。

一、按构成要素划分

建筑安装工程费按照费用构成要素划分：由人工费、材料（包含工程设备，下同）费、施工机具使用费、企业管理费、利润、规费和税金组成。其中人工费、材料费、施工机具使用费、企业管理费和利润包含在分部分项工程费、措施项目费、其他项目费中。

（一）人工费

人工费是指按工资总额构成规定，支付给从事建筑安装工程施工的生产工人和附属生产单位工人的各项费用。其内容包括：

第一，计时工资或计件工资：按计时工资标准和工作时间或对已做工作按计件单价支付给个人的劳动报酬。

第二，奖金：对超额劳动和增收节支支付给个人的劳动报酬，如节约奖、劳动竞赛奖等。

第三，津贴补贴：为了补偿职工特殊或额外的劳动消耗和因其他特殊原因支付给个人的津贴，以及为了保证职工工资水平不受物价影响支付给个人的物价补贴，如流动施工津贴、特殊地区施工津贴、高温（寒）作业临时津贴、高空津贴等。

第四，加班加点工资：按规定支付的在法定节假日工作的加班工资和在法定日工作时间外延时工作的加班工资。

第五，特殊情况下支付的工资：根据国家法律、法规和政策规定，因病、工伤、产假、计划生育假、婚丧假、事假、探亲假、定期休假、停工学习、执行国家或社会义务等原因按计时工资标准或计时工资标准的一定比例支付的工资。人工费构成要素计算方法如下：

公式1：

人工费 = ∑（工日消耗量 × 日工资单价）

$$日工资单价=\frac{生产工人平均月工资(计时、计件)+平均月(奖金+津贴补贴+特殊情况下支付的工资)}{年平均每月法定工作日} \quad (2\text{–}13)$$

注：公式1主要适用于施工企业投标报价时自主确定人工费，也是工程造价管理机构编制计价定额确定定额人工单价或发布人工成本信息的参考依据。

公式2：

人工费 = ∑（工程工日消耗量 × 日工资单价）　（2–14）

日工资单价是指施工企业平均技术熟练程度的生产工人在每工作日（国家法定工作时间内）按规定从事施工作业应得的日工资总额。

工程造价管理机构确定日工资单价应通过市场调查、根据工程项目的技术要求，参考实物工程量人工单价综合分析确定，最低日工资单价不得低于工程所在地人力资源和社会保障部门所发布的最低工资标准的：普工1.3倍、一般技工2倍、高级技工3倍。

工程计价定额不可只列一个综合工日单价，应根据工程项目技术要求和工种差别适当划分多种日人工单价，确保各分部工程人工费的合理构成。

注：公式2适用于工程造价管理机构编制计价定额时确定定额人工费，是施工企业投标报价的参考依据。

（二）材料费

材料费：施工过程中耗费的原材料、辅助材料、构配件、零件、半成品或成品、工程设备的费用。其内容包括：

第一，材料原价：材料、工程设备的出厂价格或商家供应价格。

第二，运杂费：材料、工程设备自来源地运至工地仓库或指定堆放地点所产生的全部费用。

第三，运输损耗费：材料在运输装卸过程中不可避免的损耗。

第四，采购及保管费：为组织采购、供应和保管材料、工程设备的过程中所需要的各项费用，包括采购费、仓储费、工地保管费、仓储损耗。

工程设备是指构成或计划构成永久工程一部分的机电设备、金属结构设备、仪器装置及其他类似的设备和装置。

材料费构成要素参考计算方法如下：

1. 材料费

$$材料费 = \sum（材料消耗量 \times 材料单价） \quad (2\text{–}15)$$

$$材料单价 =[（材料原价 + 运杂费）\times [1+ 运输损耗率（\%）]] \times [1+ 采购保管费率（\%）] \quad (2\text{–}16)$$

2. 工程设备费

$$工程设备率 = \sum (工程设备量 \times 工程设备单价) \quad (2\text{–}17)$$

$$工程设备单价 =（设备原价 + 运杂费）\times [1+ 采购保管费率（\%）] \quad (2\text{–}18)$$

施工机具使用费是指施工作业所发生的施工机械、仪器仪表使用费或其租赁费。

（三）施工机械使用费

施工机械使用费以施工机械台班耗用量乘以施工机械台班单价表示，施工机械台班单价应由下列七项费用组成：

第一，折旧费：施工机械在规定的使用年限内，陆续收回其原值的费用。

第二，大修理费：施工机械按规定的大修理间隔台班进行必要的大修理，以恢复其正常功能所需的费用。

第三，经常修理费：施工机械除大修理以外的各级保养和临时故障排除所需的费用。其包括为保障机械正常运转所须替换设备与随机配备工具附具的摊销和维护费用，机械运转中日常保养所须润滑与擦拭的材料费用及机械停滞期间的维护和保养费用等。

第四，安拆费及场外运费：施工机械（大型机械除外）在现场进行安装与拆卸所需的人工、材料、机械和试运转费用以及机械辅助设施的折旧、搭设、拆除等费用；场外运费指施工机械整体或分体自停放地点运至施工现场或由一施工地点运至另一施工地点的运输、装卸、辅助材料及架线等费用。

第五，人工费：机上司机（司炉）和其他操作人员的人工费。

第六，燃料动力费：施工机械在运转作业中所消耗的各种燃料及水、电费用等。

第七，税费：施工机械按照国家规定应缴纳的车船使用税、保险费及年检费等。

（四）仪器仪表使用费

仪器仪表使用费是指工程施工所须使用的仪器仪表的摊销及维修费用。

施工机具使用费构成要素参考计算方法如下：

1. 施工机械使用费

施工机械使用费 = $\sum$（施工机械台班消耗量 × 机械台班单价）（2–19）

机械台班单价 = 台班折旧费 + 台班大修费 + 台班经常修理费 + 台班安拆费及场外运费 + 台班人工费 + 台班燃料动力费 + 台班车船税费（2–20）

注：工程造价管理机构在确定计价定额中的施工机械使用费时，应根据《建筑施工机械台班费用计算规则》结合市场调查编制施工机械台班单价。施工企业可以参考工程造价管理机构发布的台班单价，自主确定施工机械使用费的报价，如租赁施工机械，其公式：施工机械使用费 = $\sum$（施工机械台班消耗量 × 机械台班租赁单价）。

2. 仪器仪表使用费

仪器仪表使用费 = 工程使用的仪器仪表摊销费 + 维修费（2–21）

（五）企业管理费

企业管理费是指建筑安装企业组织施工生产和经营管理所需的费用。其内容包括：

1. 管理人员工资：按规定支付给管理人员的计时工资、奖金、津贴补贴、加班加点工资及特殊情况下支付的工资等。

2. 办公费：企业管理办公用的文具、纸张、账表、印刷、邮电、书报、办公软件、现场监控、会议、水电、烧水和集体取暖降温（包括现场临时宿舍取暖降温）等费用。

3. 差旅交通费：职工因公出差、调动工作的差旅费、住勤补助费，市内交通费和误餐补助费，职工探亲路费，劳动力招募费，职工退休、退职一次性路费，工伤人员就医路费，工地转移费以及管理部门使用的交通工具的油料、燃料等费用。

4. 固定资产使用费：管理和试验部门及附属生产单位使用的属于固定资产的房屋、设备、仪器等的折旧、大修、维修或租赁费。

5. 工具用具使用费：企业施工生产和管理使用的不属于固定资产的工具、器具、家具、交通工具和检验、试验、测绘、消防用具等的购置、维修和摊销费。

6. 劳动保险和职工福利费：由企业支付的职工退职金、按规定支付给离休干部的经费，集体福利费、夏季防暑降温、冬季取暖补贴、上下班交通补贴等。

7. 劳动保护费：企业按规定发放的劳动保护用品的支出，如工作服、手套、防暑降温饮料以及在有碍身体健康的环境中施工的保健费用等。

8. 检验试验费：施工企业按照有关标准规定，对建筑以及材料、构件和建筑安装物进行一般鉴定、检查所发生的费用，包括自设试验室进行试验所耗用的材料等费用。其不包括新结构、新材料的试验费，对构件做破坏性试验及其他特殊要求检验试验的费用和建设单位委托检测机构进行检测的费用，对此类检测发生的费用，由建设单位在工程建设其他费用中列支。但对施工企业提供的具有合格证明的材料进行检测不合格时，该检测费用由施工企业支付。

9. 工会经费：企业按《工会法》规定的全部职工工资总额比例计提的工会经费。

10. 职工教育经费：按职工工资总额的规定比例计提，企业为职工进行专业技术和职业技能培训，专业技术人员继续教育、职工职业技能鉴定、职业资格认定以及根据需要对职工进行各类文化教育所发生的费用。

11. 财产保险费：施工管理用财产、车辆等的保险费用。

12. 财务费：企业为施工生产筹集资金或提供预付款担保、履约担保、职工工资支付担保等所发生的各种费用。

13. 税金：企业按规定缴纳的房产税、车船使用税、土地使用税、印花税等。

14. 其他：包括技术转让费、技术开发费、投标费、业务招待费、绿化费、广告费、公证费、法律顾问费、审核费、咨询费、保险费等。

企业管理费费率构成要素参考计算方法如下：

1. 以分部分项工程费为计算基础：

$$企业管理费费率（\%）=\frac{生产工人年平均管理费}{年有效施工天数}\times 人工费占分部分项工程费比例（\%） \quad (2\text{-}22)$$

2. 以人工费和机械费合计为计算基础：

$$企业管理费费率(\%)=\frac{生产工人年平均管理费}{年有效施工天数\times(人工单价+每一台班机械使用费)}\times 100\% \quad (2\text{-}23)$$

3. 以人工费为计算基础：

$$企业管理费费率(\%)=\frac{生产工人年平均管理费}{年有效施工天数\times 人工单价}\times 100\% \quad (2\text{-}24)$$

注：上述公式适用于施工企业投标报价时自主确定管理费，是工程造价管理机构编制计价定额确定企业管理费的参考依据。

工程造价管理机构在确定计价定额中企业管理费时，应以定额人工费或（定额人工费+定额机械费）作为计算基数，其费率根据历年工程造价积累的资料，辅以调查数据确定，列入分部分项工程和措施项目中。

（七）利润

利润是指施工企业完成所承包工程获得的盈利。

利润构成要素参考计算方法如下：

第一，施工企业根据企业自身需求并结合建筑市场实际自主确定，列入报价中。

第二，工程造价管理机构在确定计价定额中利润时，应以定额人工费或（定额人工费+定额机械费）作为计算基数，其费率根据历年工程造价积累的资料，并结合建筑市场实际确定，以单位（单项）工程测算，利润在税前建筑安装工程费的比重可按不低于5%且不高于7%的费率计算。利润应列入分部分项工程和措施项目中。

（八）规费

规费是指按国家法律、法规规定，由省级政府和省级有关权力部门规定必须缴纳或计取的费用。其包括：

1. 社会保险费

（1）养老保险费：企业按照规定标准为职工缴纳的基本养老保险费

（2）失业保险费：企业按照规定标准为职工缴纳的失业保险费

（3）医疗保险费：企业按照规定标准为职工缴纳的基本医疗保险费

（4）生育保险费：企业按照规定标准为职工缴纳的生育保险费

（5）工伤保险费：企业按照规定标准为职工缴纳的工伤保险费

2. 住房公积金

企业按规定标准为职工缴纳的住房公积金。

3. 工程排污费

按规定缴纳的施工现场工程排污费。

其他应列而未列入的规费，按实际产生计取。

规费构成要素参考计算方法如下：

（1）社会保险费和住房公积金

社会保险费和住房公积金应以定额人工费为计算基础，根据工程所在地省、自治区、直辖市或行业建设主管部门规定费率计算。

社会保险费和住房公积金＝Σ（工程定额人工费 × 社会保险费和住房公积金费率）

（2–25）

式中，社会保险费和住房公积金费率可以每万元发承包价的生产工人人工费和管理人员工资含量与工程所在地规定的缴纳标准综合分析取定。

（2）工程排污费

工程排污费等其他应列而未列入的规费应按工程所在地环境保护等部门规定的标准缴纳，按实计取列入。

（九）税金

税金是指国家税法规定的应计入建筑安装工程造价内的营业税、城市维护建设税、教育费附加以及地方教育附加。

税金构成要素参考计算方法如下：

税金计算公式：

税金 = 税前造价 × 综合税率（%）（2–26）

综合税率：

1. 纳税地点在市区的企业。

$$综合税率(\%)=\frac{1}{1-3\%-(3\%\times7\%)-(3\%\times3\%)-(3\%\times2\%)}-1 \quad (2\text{–}27)$$

2. 纳税地点在县城、镇的企业。

$$综合税率(\%)=\frac{1}{1-3\%-(3\%\times5\%)-(3\%\times3\%)-(3\%\times2\%)}-1 \quad (2\text{–}28)$$

3. 纳税地点不在市区、县城、镇的企业。

$$综合税率(\%)=\frac{1}{1-3\%-(3\%\times1\%)-(3\%\times3\%)-(3\%\times2\%)}-1 \quad (2\text{–}29)$$

4. 实行营业税改增值税的，按纳税地点现行税率计算。

二、按工程造价形成划分

建筑安装工程费按照工程造价形成由分部分项工程费、措施项目费、其他项目费、规费、税金组成，分部分项工程费、措施项目费、其他项目费包含人工费、材料费、施工机具使用费、企业管理费和利润。

（一）分部分项工程费

分部分项工程费是指各专业工程的分部分项工程应予列支的各项费用。

1. 专业工程

按现行国家计量规范划分的房屋建筑与装饰工程、仿古建筑工程、通用安装工程、市政工程、园林绿化工程、矿山工程、构筑物工程、城市轨道交通工程、爆破工程等各类工程。

2. 分部分项工程

按现行国家计量规范对各专业工程划分的项目，如房屋建筑与装饰工程划分的土石方工程、地基处理与桩基工程、砌筑工程、钢筋及钢筋混凝土工程等。

各类专业工程的分部分项工程划分见现行国家或行业计量规范。

分部分项工程费计价参考公式如下：

$$分部分项工程费 = \sum（分部分项工程量 \times 综合单价） \quad (2\text{–}30)$$

式中，综合单价包括人工费、材料费、施工机具使用费、企业管理费和利润以及一定范围的风险费用（下同）。

（二）措施项目费

措施项目费是指为完成建设工程施工，产生于该工程施工前和施工过程中的技术、生活、安全、环境保护等方面的费用。其内容包括：

1. 安全文明施工费

（1）环境保护费：施工现场为达到环保部门要求所需要的各项费用。

（2）文明施工费：施工现场文明施工所需要的各项费用。

（3）安全施工费：施工现场安全施工所需要的各项费用。

（4）临时设施费：施工企业为进行建设工程施工所必须搭设的生活和生产用的临时建筑物、构筑物和其他临时设施费用。其包括临时设施的搭设、维修、拆除、清理费或摊销费等。

2. 夜间施工增加费

因夜间施工所产生的夜班补助费、夜间施工降效、夜间施工照明设备摊销及照明用电等费用。

3. 二次搬运费

因施工场地条件限制而产生的材料、构配件、半成品等一次运输不能到达堆放地点，必须进行二次或多次搬运而发生的费用。

4. 冬雨季施工增加费

在冬季或雨季施工须增加的临时设施、防滑、排除雨雪，人工及施工机械效率降低等费用。

5. 已完工程及设备保护费

竣工验收前，对已完工程及设备采取的必要保护措施所产生的费用。

6. 工程定位复测费

工程施工过程中进行全部施工测量放线和复测工作的费用。

7. 特殊地区施工增加费

工程在沙漠或其边缘地区、高海拔、高寒、原始森林等特殊地区施工增加的费用。

8. 大型机械设备进出场及安拆费

机械整体或分体自停放场地运至施工现场或由一个施工地点运至另一个施工地点，所产生的机械进出场运输及转移费用及机械在施工现场进行安装、拆卸所需的人工费、材料费、机械费、试运转费和安装所需的辅助设施的费用。

9. 脚手架工程费

施工需要的各种脚手架搭、拆、运输费用以及脚手架购置费的摊销（或租赁）费用。

措施项目及其包含的内容详见各类专业工程的现行国家或行业计量规范。

措施项目费计价参考公式如下：

第一，国家计量规范规定应予计量的措施项目计算公式

$$措施项目费=\sum（措施项目工程量\times 综合单价） \tag{2-31}$$

第二，国家计量规范规定不宜计量的措施项目计算方法

（1）安全文明施工费

$$安全文明施工费=计算基数\times 安全文明施工费费率（\%） \tag{2-32}$$

计算基数应为定额基价（定额分部分项工程费＋定额中可以计量的措施项目费）、定额人工费或（定额人工费＋定额机械费），其费率由工程造价管理机构根据各专业工程的特点综合确定。

（2）夜间施工增加费

$$夜间施工增加费=计算基数\times 夜间施工增加费费率（\%） \tag{2-33}$$

（3）二次搬运费

$$二次搬运费=计算基数\times 二次搬运费费率（\%） \tag{2-34}$$

（4）冬雨季施工增加费

$$冬雨季施工增加费=计算基数\times 冬雨季施工增加费费率（\%） \tag{2-35}$$

（5）已完工程及设备保护费

$$已完工程及设备保护费=计算基数\times 已完工程及设备保护费费率（\%） \tag{2-36}$$

上述（2）~（5）项措施项目的计费基数应为定额人工费或（定额人工费＋定额机械费），

其费率由工程造价管理机构根据各专业工程特点和调查资料综合分析后确定。

（三）其他项目费

1. 暂列金额

建设单位在工程量清单中暂定并包括在工程合同价款中的一笔款项。用于施工合同签订时尚未确定或者不可预见的所需材料、工程设备、服务的采购，施工中可能发生的工程变更、合同约定调整因素出现时的工程价款调整以及发生的索赔、现场签证确认等的费用。

2. 计日工

在施工过程中，施工企业完成建设单位提出的施工图纸以外的零星项目或工作所需的费用。

3. 总承包服务费

总承包人为配合、协调建设单位进行的专业工程发包，对建设单位自行采购的材料、工程设备等进行保管以及施工现场管理、竣工资料汇总整理等服务所需的费用。

其他项目费计价参考公式如下：

第一，暂列金额由建设单位根据工程特点，按有关计价规定估算，施工过程中由建设单位掌握使用、扣除合同价款调整后如有余额，归建设单位。

第二，计日工由建设单位和施工企业按施工过程中的签证计价。

第三，总承包服务费由建设单位在招标控制价中根据总承包服务范围和有关计价规定编制，施工企业投标时自主报价，施工过程中按签约合同价执行。

第三节　设备及工、器具购置费用的构成

设备及工器具费由设备购置费和工器具、生产家具购置费组成。它是固定资产投资中的组成部分。在生产性工程建设中，设备、工器具费用与资本的有机构成相联系。设备、工器具费用占工程造价比重的增大，意味着生产技术的进步和资本有机构成的提高。

一、设备购置费的组成

设备购置费是指建设项目购置或者自制的达到固定资产标准的各种国产或者进口设备、工具、器具的购置费用。固定资产是指为生产商品、提供劳务、对外出租或经营管理而持有的，使用寿命超过一年会计年度的有形资产。新建项目和扩建项目的新建车间购置

或自制的全部设备、工具、器具，无论是否达到固定资产标准，均计入设备、工器具购置费中。设备购置费包括设备原价和设备运杂费，即

设备购置费 = 设备原价或进口设备抵岸价 + 设备运杂费　　（2–37）

式中，设备原价是指国产标准设备、非标准设备原价；设备运杂费主要由运费和装卸费、包装费、设备供销部门手续费、采购与保管费组成。

（一）国产设备

1. 国产标准设备原价

国产标准设备是指按照主管部门颁布的标准图纸和技术要求，由我国设备生产厂批量生产的，符合国家质量检测标准的设备。国产标准设备原价有两种，即带有备件的原价和不带有备件的原价。在计算时，一般采用带有备件的原价。

2. 国产非标准设备原价

国产非标准设备是指国家尚无定型标准，各设备生产厂不可能在工艺过程中采用批量生产，只能按一次订货，并根据具体的设计图纸制造的设备。非标准设备原价有多种不同的计算方法，如成本计算估价法、系列设备插入估价法、分部组合估价法、定额估价法等。但无论采用哪种方法都应该使非标准设备计价接近实际出厂价，并且计算方法要简便。按成本计算估价法，非标准设备的原价由以下各项组成：

（1）材料费，其计算公式如下：

材料费 = 材料净重 ×（1+ 加工损耗系数）× 每吨材料综合价　　（2–38）

（2）加工费，包括生产工人工资和工资附加费、燃料动力费、设备折旧费、车间经费等。其计算公式如下：

加工费 = 设备总重量（吨）× 设备每吨加工费　　（2–39）

（3）辅助材料费（简称辅材费），包括焊条、焊丝、氧气、氯气、氮气、油漆、电石等费用。其计算公式如下：

辅助材料费 = 设备总重量 × 辅助材料费指标　　（2–40）

（4）专用工具费。按（1）~（3）项之和乘以一定百分比计算。

（5）废品损失费。按（1）~（4）项之和乘以一定百分比计算。

（6）外购配套件费。按设备设计图纸所列的外购配套件的名称、型号、规格、数量、重量，根据相应的价格加运杂费计算。

（7）包装费。按以上（1）~（6）项之和乘以一定百分比计算。

（8）利润。可按（1）~（5）项加第（7）项之和乘以一定利润率计算。

（9）税金。主要指增值税。其计算公式为：

增值税＝当期销项税额－进项税额　（2–41）

式中，销售额为（1）～（8）项之和。

（10）非标准设备设计费。按国家规定的设计费收费标准计算。综上所述，单台非标准设备原价可用下面的公式表达：

单台非标准设备原价＝{［（材料费＋加工费＋辅助材料费）×（1+专用工具费率）×（1+废品损失费率）＋外购配套件费］×（1+包装费率）－外购配套件费}×（1+利润率）＋销项税额＋非标准设备设计费＋外购配套件费　（2–42）

在用成本计算估价法计算非标准设备原价时，外购配套件费计取包装费，但不计取利润，非标准设备设计费不计取利润，增值税指销项税额。

（二）进口设备

1. 交货方式

进口设备的交货方式类别可分为内陆交货类、目的地交货类、装运港交货类。

（1）内陆交货类

内陆交货类，即卖方在出口国内陆的某个地点交货。在交货地点，卖方及时提交合同规定的货物和有关凭证，并负担交货前的一切费用和风险；买方按时接受货物，交付货款，负担接货后的一切费用和风险，并自行办理出口手续和装运出口。货物的所有权也在交货后由卖方转移给买方。

（2）目的地交货类

目的地交货类，即卖方在进口国的港口或内地交货，有目的港船上交货价、目的港船边交货价（FOS）和目的港码头交货价（关税已付）及完税后交货价（进口国的指定地点）等几种交货价。其特点是，买卖双方承担的责任、费用和风险是以目的地约定交货点为分界线，只有当卖方在交货点将货物置于买方控制下才算交货，才能向买方收取货款。这种交货类别对卖方来说承担的风险较大，在国际贸易中卖方一般不愿采用。

（3）装运港交货类

装运港交货类，即卖方在出口国装运港交货，主要有装运港船上交货价（FOB），习惯称离岸价格，运费在内价（C8LF）和运费、保险费在内价（CIF），习惯称到岸价格。其特点：卖方按照约定的时间在装运港交货，只要卖方把合同规定的货物装船后提供货运单据便完成交货任务，可凭单据收回货款。

装运港船上交货价（FOB）是我国进口设备采用最多的一种货价。采用船上交货价时卖方的责任：在规定的期限内，负责在合同规定的装运港口将货物装上买方指定的船只，并及时通知买方；负担货物装船前的一切费用和风险，负责办理出口手续；提供出口国政府或有关方面签发的证件；负责提供有关装运单据。买方的责任：负责租船或订舱，支付运费，并将船期、船名通知卖方；负担货物装船后的一切费用和风险；负责办理保险及支付保险费，办理在目的港的进口和收货手续；接受卖方提供的有关装运单据，并按合同规定支付货款。

2. 交易价格术语

在国际贸易中，较为广泛使用的交易价格术语有 FOB、CFR 和 CIF。

（1）装运港交货类

主要有装运港船上交货价（Free On Board，FOB），习惯称离岸价格。FOB 是指当货物在指定的装运港越过船舷，卖方即完成交货义务。风险转移，以在指定的装运港货物越过船舷时为分界点。费用划分与风险转移的分界点相一致。其特点：卖方按照约定的时间在装运港交货，只要卖方把合同规定的货物装船后提供货运单据便完成交货任务，可凭单据收回货款。

在 FOB 交货方式下，卖方的基本义务：①办理出口清关手续，自负风险和费用，领取出口许可证及其他官方文件；②在约定的日期或期限内，在合同规定的装运港，按港口惯常的方式，把货物装上买方指定的船只，并及时通知买方；③承担货物在装运港越过船舷之前的一切费用和风险；④向买方提供商业发票和证明货物已交至船上的装运单据或具有同等效力的电子单证。

买方的基本义务：①负责租船订舱，按时派船到合同约定的装运港接运货物，支付运费，并将船期、船名及装船地点及时通知卖方；②负担货物在装运港越过船舷时的各种费用以及货物灭失或损坏的一切风险；③负责获取进口许可证或其他官方文件，以及办理货物入境手续；④受领卖方提供的各种单证，按合同规定支付货款。

（2）CFR 即 cost and freight，意为成本加运费，或称之为运费在内价

CFR 是指卖方必须负担货物运至目的港所需的成本和运费，在装运港货物越过船舷才算完成其交货义务。风险转移，以在装运港货物越过船舷为分界点。

在 CFR 交货方式下，卖方的基本义务：①提供合同规定的货物，负责订立运输合同，并租船订舱，在合同规定的装运港和规定的期限内，将货物装上船并及时通知买方，支付运至目的港的运费；②负责办理出口清关手续，提供出口许可证或其他官方批准的证件。③承担货物在装运港越过船舷之前的一切费用和风险；④按合同规定提供正式有效的运输单据、发票或具有同等效力的电子单证。

买方的基本义务：①承担货物在装运港越过船舷以后的一切风险及运输途中因遭遇风险所引起的额外费用；②在合同规定的目的港受领货物，办理进口清关手续，缴纳进口税；③受领卖方 CFR 提供的各种约定的单证，并按合同规定支付货款。

（3）CIF 即 Cost Insurance and Freight，意为成本加保险费、运费，习惯称到岸价格

在 CIF 术语中，卖方除负有与 CFR 相同的义务外，还应办理货物在运输途中最低险别的海运保险，并应支付保险费。如买方需要更高的保险险别，则需要与卖方明确地达成协议，或者自行做出额外的保险安排。除保险这项义务之外，买方的义务也与 CFR 相同。

3. 进口设备抵岸价的构成

进口设备如果采用装运港交货类（FOB），是指抵达买方边境港口或边境车站，且交完关税为止形成的价格，它基本上包括两大部分内容，即货价和从属费用。抵岸价格通俗地讲是到岸价格加上银行财务费、外贸手续费、关税、增值税、消费税、海关监管手续费、车辆购置附加费，即

进口设备抵岸价 = 货价 + 国际运费 + 国外运输保险费 + 银行财务费 + 外贸手续费 + 进口关税 + 增值税 + 消费税 + 海关监管手续费 + 车辆购置附加税 （2–43）

（1）进口设备的货价

进口设备的货价一般指装运港船上交货价（FOB）。设备货价分为原币货价和人民币货价，原币货价一律折算为美元表示，人民币货价按原币货价乘以外汇市场美元兑换人民币中间价确定。进口设备货价按有关生产厂商询价、报价、订货合同价计算。

货价 = 离岸价（FOB 价）× 人民币外汇牌价 （2–44）

（2）国际运费

国际运费从装运港（站）到达我国抵达港（站）的运费。我国进口设备大部分采用海洋运输，小部分采用铁路运输，个别采用航空运输。进口设备国际运费计算公式为

国际运费（海、陆、空）= 离岸价（FOB）× 运费率

或

国际运费（海、陆、空）= 运量 × 单位运价 （2–45）

式中，运费率或单位运价参照有关部门或进出口公司的规定执行。

（3）国外运输保险费

对外贸易货物运输保险是由保险人（保险公司）与被保险人（出口人或进口人）订立保险契约，在被保险人交付议定的保险费后，保险人根据保险契约的规定对货物在运输过程中发生的承保责任范围内的损失给予经济上的补偿。这是一种财产保险。计算公式：

$$运输保险费 = \frac{原币货价(FOB价)+国外运输费}{1-保险费率} \times 保险费率 \qquad (2–46)$$

式中：保险费率按保险公司规定的进口货物保险费率计算。

（4）银行财务费

一般是指中国银行手续费，可按下式简化计算：

银行财务费 = 离岸价（FOB 价）× 银行财务费率

（5）外贸手续费

外贸手续费指委托具有外贸经营权的经贸公司采购而产生的外贸手续费率计取的费用。计算公式：

外贸手续费 = 进口设备到岸价 × 人民币外汇牌价 × 外贸手续费率　　（2–47）

进口设备到岸价（CIF）= 离岸价（FOB）+ 国外运费 + 国外运输保险费　　（2–48）

（6）进口关税

关税是由海关对进出国境或关境的货物和物品征收的一种税。计算公式：

关税 = 到岸价格（CIF）× 人民币外汇牌价 × 进口关税税率　　（2–49）

到岸价格（CIF）包括离岸价格（FOB）、国际运费、运输保险费，它作为关税完税价格。进口关税税率分为优惠和普通两种。优惠税率适用于与我国签订关税互惠条款的贸易条约或协定的国家的进口设备；普通税率适用于未与我国签订关税互惠条款的贸易条约或协定的国家的进口设备。进口关税税率按我国海关总署发布的进口关税税率计算。

（7）增值税

增值税是对从事进口贸易的单位和个人，在进口商品报关进口后征收的税种。我国增值税条例规定，进口应税产品均按组成计税价格和增值税税率直接计算应纳税额，即：

进口产品增值税额 = 组成计税价格 × 增值税税率　　（2–50）

组成计税价格 = 关税完税价格 + 关税 + 消费税　　（2–51）

式中：增值税税率根据规定的税率计算。

（8）消费税

对部分进口设备（如轿车、摩托车等）征收，其一般计算公式：

$$\text{应纳消费税} = \frac{\text{到岸价} + \text{关税}}{1 - \text{消费税税率}} \times \text{消费税税率} \qquad (2\text{–}52)$$

式中：消费税税率根据规定的税率计算。

（9）海关监管手续费

海关监管手续费指海关对进口减税、免税、保税货物实施监督管理、提供服务的手续费。对全额征收进口关税的货物不计本项费用。计算公式：

海关监管手续费 = 到岸价 × 海关监管手续费率　　（2–53）

（10）车辆购置附加费。

进口车辆须缴进口车辆购置附加费。其计算公式如下：

进口车辆购置附加费 =（到岸价 + 关税 + 消费税 + 增值税）× 进口车辆购置附加费率 （2–54）

（三）设备运杂费的构成及计算

1. 设备运杂费的构成

设备运杂费通常由下列各项构成：

（1）运费和装卸费

国产设备由设备制造厂交货地点起至工地仓库（或施工组织设计指定的需要安装设备的堆放地点）止所产生的运费和装卸费；进口设备则由我国到岸港口或边境车站起至工地仓库（或施工组织设计指定的须安装设备的堆放地点）止所发生的运费和装卸费。

（2）包装费

在设备原价中未包含的，为运输而进行的包装支出的各种费用。

（3）设备供销部门的手续费

按有关部门规定的统一费率计算。

（4）采购与仓库保管费

采购与仓库保管费指采购、验收、保管和收发设备所产生的各种费用，包括设备采购人员、保管人员和管理人员的工资、工资附加费、办公费、差旅交通费，设备供应部门办公和仓库所占固定资产使用费、工具用具使用费、劳动保护费、检验试验费等。这些费用可按主管部门规定的采购与保管费费率计算。

2. 设备运杂费的计算

设备运杂费按设备原价乘以设备运杂费率计算，其计算公式：

设备运杂费 = 设备原价 × 设备运杂费率 （2–55）

式中：设备运杂费率按各部门及省、市等的规定计取。

二、工具、器具及生产家具购置费的构成

工具、器具及生产家具购置费，是指新建或扩建项目初步设计规定的，保证初期正常生产必须购置的未达到固定资产标准的设备、仪器、工卡模具、器具、生产家具和备品备件等的购置费用。一般以设备费为计算基数，按照部门或行业规定的工具、器具及生产家具费率计算。其计算公式：

工器具及生产家具购置费 = 设备购置费 × 费率 （2–56）

第四节 工程建设其他费用

工程建设其他费用，是指从工程筹建起到工程竣工验收交付生产或使用为止的整个建设期间，除建筑安装工程费用和设备及工、器具购置费用以外的，为保证工程建设顺利完成和交付使用后能够正常发挥效益或效能而产生的各项费用。工程建设其他费用按资产属性分别形成固定资产、无形资产和其他资产（递延资产）。

一、固定资产其他费用

（一）建设管理费

建设管理费是指建设单位从项目筹建开始直至工程竣工验收合格或交付使用为止产生的项目建设管理费用。费用内容包括：

1. 建设单位管理费

建设单位发生的管理性质的开支。其包括工作人员工资、工资性补贴、施工现场津贴、职工福利费、住房基金、基本养老保险、基本医疗保险费、失业保险费、工伤保险费、办公费、差旅交通费、劳动保护费、工具用具使用费、固定资产使用费、必要的办公及生活用品购置费、必要的通信设备及交通工具购置费、零星固定资产购置费、招募生产工人费、技术图书资料费、业务招待费、设计审查费、工程招标费、合同契约公证费、法律顾问费、咨询费、完工清理费、竣工验收费、印花税和其他管理性质开支。

2. 工程监理费

建设单位委托工程监理单位实施工程监理的费用。

3. 工程质量监督费

工程质量监督检验部门检验工程质量而收取的费用。

4. 招标代理费

建设单位委托招标代理单位进行工程、设备材料和服务招标支付的服务费用。

5. 工程造价咨询费

建设单位委托具有相应资质的工程造价咨询企业代为进行工程建设项目的投资估算、设计概算、施工图预算、标底或招标控制价、工程结算等或进行工程建设全过程造价控制与管理所产生的费用。

6. 建设单位租用建设项目

土地使用权在建设期支付的租地费用。

（二）可行性研究费

可行性研究费是指在建设项目前期工作中，编制和评估项目建议书（或预可行性研究报告）、可行性研究报告所需的费用。

（三）研究试验费

研究试验费是指为本建设项目提供或验证设计数据、资料等进行必要的研究试验及按照设计规定在建设过程中必须进行试验、验证所需的费用。

（四）勘察设计费

勘察设计费是指委托勘察设计单位进行工程水文地质勘察、工程设计所产生的各项费用。其包括工程勘察费、初步设计费（基础设计费）、施工图设计费（详细设计费）、设计模型制作费。

（五）环境影响评价费

环境影响评价费是指按照《中华人民共和国环境保护法》《中华人民共和国环境影响评价法》等规定，为全面、详细评价本建设项目对环境可能产生的污染或造成的重大影响所需的费用。其包括编制环境影响报告书（含大纲）、环境影响报告表和评估环境影响报告书（含大纲）、评估环境影响报告表等所需的费用。

（六）劳动安全卫生评价费

劳动安全卫生评价费是指按照劳动部《建设项目（工程）劳动安全卫生监察规定》和《建设项目（工程）劳动安全卫生预评价管理办法》的规定，为预测和分析建设项目存在的职业危险、危害因素的种类和危险危害程度，并提出先进、科学、合理可行的劳动安全卫生技术和管理对策所需的费用。其包括编制建设项目劳动安全卫生预评价大纲和劳动安全卫生预评价报告书，以及为编制上述文件所进行的工程分析和环境现状调查等所需费用。

（七）场地准备及临时设施费

场地准备及临时设施费是指建设场地准备费和建设单位临时设施费。

1. 场地准备费

建设项目为达到工程开工条件所发生的场地平整和对建设场地余留的有碍于施工建设的设施进行拆除清理的费用。

2. 临时设施费

为满足施工建设需要而供应到场地界区的、未列入工程费用的临时水、电、路、通信、气等其他工程费用和建设单位的现场临时建（构）筑物的搭设、维修、拆除、摊销或建设期间租赁费用，以及施工期间专用公路养护费、维修费。

（八）引进技术和引进设备其他费

引进技术和引进设备其他费是指引进技术和设备发生的未计入设备费的费用，其内容包括：

第一，引进项目图纸资料翻译复制费、备品备件测绘费。

第二，出国人员费用，包括买方人员出国设计联络、出国考察、联合设计、监造、培训等所产生的旅费、生活费等。

第三，来华人员费用，包括卖方来华工程技术人员的现场办公费用、往返现场交通费用、接待费用等。

第四，银行担保及承诺费，指引进项目由国内外金融机构出面承担风险和责任担保所产生的费用，以及支付贷款机构的承诺费用。

（九）工程保险费

工程保险费是指建设项目在建设期间根据需要对建筑工程、安装工程、机器设备和人身安全进行投保而产生的保险费用。其包括建筑安装工程一切险、引进设备财产保险和人身意外伤害险等。

（十）联合试运转费

联合试运转费是指新建项目或新增加生产能力的工程，在交付生产前按照批准的设计文件所规定的工程质量标准和技术要求，进行整个生产线或装置的负荷联合试运转或局部联动试车所发生的费用净支出（试运转支出大于收入的差额部分费用）。试运转支出包括试运转所需原材料、燃料及动力消耗、低值易耗品、其他物料消耗、工具用具使用费、机械使用费、保险金、施工单位参加试运转人员工资以及专家指导费等；试运转收入包括试运转期间的产品销售收入和其他收入。

（十一）特殊设备安全监督检验费

特殊设备安全监督检验费是指在施工现场组装的锅炉及压力容器、压力管道、消防设备、燃气设备、电梯等特殊设备核设施，由安全监察部门按照有关安全检查条例和实施细则以及设计技术要求进行安全检验，应由建设项目支付的、向安全监察部门缴纳的费用。

（十二）市政公用设施费

市政公用设施费是指使用市政公用设施的建设项目，按照项目所在地省一级人民政府有关规定建设或缴纳的市政公用设施建设配套费用，以及绿化工程补偿费用。

二、形成无形资产费用

（一）建设用地费

建设用地费是指按照《中华人民共和国土地管理法》等规定，建设项目征用土地或租用土地应支付的费用。

1. 土地征用及补偿费

经营性建设项目通过出让方式购置的土地使用权（或建设项目通过划拨方式取得无限期的土地使用权）而支付的土地补偿费、安置补偿费、地上附着物和青苗补偿费、余物迁建补偿费、土地登记管理费等；行政事业单位的建设项目通过出让方式取得土地使用权而支付的出让金；建设单位在建设过程中产生的土地复垦费用和土地损失补偿费用；建设期间临时占地补偿费。

2. 征用耕地按规定一次性缴纳的耕地占用税

征用城镇土地在建设期间按规定每年缴纳的城镇土地使用税；征用城市郊区菜地按规定缴纳的新菜地开发建设基金。

（二）专利及专有技术使用费

包括：

第一，国外设计及技术资料费、引进有效专利、专有技术使用费和技术保密费。

第二，国内有效专利、专有技术使用费用。

第三，商标权、商誉和特许经营权费等。

三、形成其他资产费用（递延资产）

形成其他资产费用（递延资产）的有生产准备及开办费，是指建设项目为保证正常生产（或营业、使用）而产生的人员培训费、提前进场费以及投产使用必备的生产办公、生活家具用具及工器具等购置费用。其包括：

第一，人员培训费及提前进厂费。自行组织培训或委托其他单位培训的人员工资、工资性补贴、职工福利费、差旅交通费、劳动保护费、学习资料费等。

第二，为保证初期正常生产（或营业、使用）所必需的生产办公、生活家具用具购置费。

第三，为保证初期正常生产（或营业、使用）必需的第一套不够固定资产标准的生产工具、器具、用具购置费，不包括备品备件费。

一些具有明显行业特征的工程建设其他费用项目，如移民安置费、水资源费、水土保持评价费、地震安全性评价费、地质灾害危险性评价费、河道占用补偿费、超限设备运输特殊措施费、航道维护费、植被恢复费、种质检测费、引种测试费等，在一般建设项目很少产生，各省（自治区、直辖市）、各部门有补充规定或具体项目产生时依据有关政策规定列入。

第五节 预备费、建设期贷款利息

除建筑安装工程费用、工程建设其他费用以外，在编制建设项目投资估算、设计总概算时，应计算预备费、建设期贷款利息和固定资产投资方向调节税。

一、预备费

按我国现行规定，预备费包括基本预备费和价差预备费两种。

（一）基本预备费

基本预备费是指在投资估算或设计概算内难以预料的工程费用，费用内容包括：

第一，在批准的初步设计范围内，技术设计、施工图设计及施工过程中所增加的工程费用；设计变更、局部地基处理等增加的费用。

第二，一般自然灾害造成的损失和预防自然灾害所采取的措施费用。实行工程保险的工程项目费用应适当降低。

第三，竣工验收时为鉴定工程质量，对隐蔽工程进行必要的挖掘和修复费用。

第四，超长、超宽、超重引起的运输增加费用等。

基本预备费估算，一般是以建设项目的工程费用和工程建设其他费用之和为基础，乘以基本预备费率进行计算。基本预备费率的大小，应根据建设项目的设计阶段和具体的设计深度，以及在估算中所采用的各项估算指标与设计内容的贴近度、项目所属行业主管部门的具体规定确定。

（二）价差预备费

价差预备费是指建设项目建设期间，由于价格等变化引起工程造价变化的预测预留费用。费用内容包括：人工、设备、材料、施工机械的价差费，建筑安装工程费及工程建设其他费用调整、利率、汇率调整等增加的费用。

价差预备费的测算，一般根据国家规定的投资综合价格指数，按估算年份价格水平的投资额为基数，根据价格变动趋势，预测价值上涨率，采用复利方法计算。

二、建设期贷款利息

建设期贷款利息指在项目建设期发生的支付银行贷款、出口信贷、债券等的借款利息和融资费用。大多数的建设项目都会利用贷款来解决自有资金的不足，以完成项目的建设，从而达到项目运行获取利润的目的。利用贷款必须支付利息和各种融资费用，所以，在建设期支付的贷款利息也构成了项目投资的一部分。

建设期贷款利息的估算，根据建设期资金用款计划，可按当年借款在当年年中支用考虑，即当年借款按半年计息，上年借款按全年计息。利用国外贷款的利息计算中，年利率应综合考虑贷款协议中向贷款方加收的手续费、管理费、承诺费；以及国内代理机构向贷款方收取的转贷费、担保费和管理费等。

第三章 建筑工程造价审核

第一节 工程造价审核概述

一、工程造价审核的中介机构

目前，从事工程造价审核的机构应该具备建设部颁发的工程造价咨询资格，《建设部关于纳入国务院决定的十五项行政许可的条件的规定》中，对工程造价咨询企业资质认定条件做出了明确规定，在规定中指出，工程造价咨询资格包括甲级和乙级两个级别，具体的条件如下：

（一）甲级资质

①已取得乙级工程造价咨询企业资质证书满 3 年；

②技术负责人已取得造价工程师注册资格，并具有工程或者经济系列高级专业技术职称，且从事工程造价专业工作 15 年以上；

③专职从事工程造价专业工作的人员（简称专职专业人员）不少于 20 人，其中工程或者工程经济系列中级以上专业技术职称的人员不少于 16 人，取得造价工程师注册证书的人员不少于 10 人，其他人员具有从事工程造价专业工作的经历；

④企业注册资本不得少于人民币 100 万元；

⑤近 3 年企业工程造价咨询营业收入累计不低于人民币 500 万元；

⑥具有固定办公场所，人均办公面积不少于 10 平方米；

⑦技术档案管理制度、质量控制制度和财务管理制度齐全；

⑧员工的社会养老保险手续齐全；

⑨专职专业人员符合国家规定的职业年龄，人事档案关系由国家认可的人事代理机构代为管理；

⑩企业的出资人中造价工程师人数不低于 60%，出资额不低于注册资本总额的 60%。

（二）乙级资质

①技术负责人已取得造价工程师注册资格，并具有工程或者经济系列高级专业技术职称，且从事工程造价专业工作10年以上；

②专职从事工程造价专业工作的人员（简称专职专业人员）不少于12人，其中工程或者经济系列中级以上专业技术职称的人员不少于8人，取得造价工程师注册证书的人员不少于6人，其他人员具有从事工程造价专业工作的经历；

③企业注册资本不得少于人民币50万元；

④在暂定期内企业工程造价咨询营业收入累计不低于人民币50万元；

⑤具有固定办公场所，人均办公面积不得少于10平方米；

⑥技术档案管理制度、质量控制制度、财务管理制度齐全；

⑦员工的社会养老保险手续齐全；

⑧专职专业人员符合国家规定的职业年龄，人事档案关系由国家认可的人事代理机构代为管理；

⑨企业的出资人中造价工程师人数不低于60%，出资额不低于注册资本总额的60%。

二、工程造价审核中介机构的从业人员——注册造价工程师

造价咨询公司专职从事工程造价专业工作的人员（简称专职专业人员）一般要具备工程或者工程经济系列中级以上专业技术职称，或取得造价工程师注册证书，具有从事工程造价专业工作的经历。其中造价工程师是专门从事工程造价咨询的执业资格。

（一）造价工程师考试简介

造价工程师是指经全国统一考试合格，取得《造价工程师执业资格证书》并经注册登记，在建设工程中从事造价业务活动的专业技术人员。

依据《人事部、建设部关于印发〈造价工程师执业资格制度暂行规定〉的通知》，国家开始实施造价工程师执业资格制度。1998年，《人事部、建设部关于实施造价工程师执业资格考试有关问题的通知》下发，并于当年在全国首次实施了造价工程师执业资格考试。考试工作由人事部、建设部共同负责，日常工作由建设部标准定额司承担，具体考务工作委托人事部人事考试中心组织实施。

造价工程师执业资格考试实行全国统一大纲、统一命题、统一组织的办法。

建设部负责考试大纲的拟订、培训教材的编写和命题工作。培训工作按照与考试分开、

自愿参加的原则进行。人事部负责审定考试大纲、考试科目试题，组织或授权实施各项考务工作。会同建设部对考试进行监督、检查、指导和确定合格标准。考试每年举行一次，考试时间一般安排在10月中旬。原则上只在省会城市设立考点。

（二）造价工程师考试科目

考试设四个科目。具体是：《工程造价管理相关知识》《工程造价的确定与控制》《建设工程技术与计量》（本科目分土建和安装两个专业，考生可任选其一，下同）、《工程造价案例分析》。其中，《工程造价案例分析》为主观题，在答题纸上作答；其余三科均为客观题，在答题卡上作答。

（三）造价工程师报考条件

凡中华人民共和国公民，遵纪守法并具备以下条件之一者，均可参加造价工程师执业资格考试：

第一，工程造价专业大专毕业后，从事工程造价业务工作满5年；工程或工程经济类大专毕业后，从事工程造价业务工作满6年。

第二，工程造价专业本科毕业后，从事工程造价业务工作满4年；工程或工程经济类本科毕业后，从事工程造价业务工作满5年。

第三，获上述专业第二学士学位或研究生班毕业和取得硕士学位后，从事工程造价业务工作满3年。

第四，获上述专业博士学位后，从事工程造价业务工作满2年。

在《人事部、建设部关于印发〈造价工程师执业资格制度暂行规定〉的通知》下发之日前已受聘担任高级专业技术职务并具备下列条件之一者，可免试《工程造价管理相关知识》和《建设工程技术与计量》两个科目。

1. 工程或工程经济类本科毕业，从事工程造价业务工作满15年

2. 工程或工程经济类大专毕业，从事工程造价业务工作满20年

3. 工程或工程经济类中专毕业，从事工程造价业务工作满25年

（四）造价工程师注册管理

造价工程师执业资格考试合格者，由各省、自治区、直辖市人事（职改）部门颁发人事部统一印制的、人事部与建设部盖印的《造价工程师执业资格证书》。该证书在全国范围内有效。

取得《造价工程师执业资格证书》者，须按规定向所在省（区、市）造价工程师注册

管理机构办理注册登记手续，造价工程师注册有效期为 3 年。有效期满前 3 个月，持证者须按规定到注册机构办理再次注册手续。

三、工程造价审核的方式

按照审核发生的不同阶段，可以分为投资估算审核、设计概算审核、施工图预算审核、施工合同审核、工程结算审核等。按照工程计价方式的不同，可以分为定额计价方式下的审核、清单计价方式下的审核。按照造价审核的持续阶段，可以分为事前审核、事中审核、事后审核、全过程跟踪审核。

四、工程项目决策阶段工程造价的控制与审核

（一）建设项目决策的含义

项目投资决策是选择和决定投资行动方案的过程，是对拟建项目的必要性和可行性进行技术经济论证，对不同建设方案进行技术经济比较及做出判断和决定的过程。正确的项目投资行动来源于正确的项目投资决策。项目决策正确与否，直接关系到项目建设的成败，关系到工程造价的高低及投资效果的好坏。正确决策是合理确定与控制工程造价的前提。

（二）建设项目决策与工程造价的关系

1. 项目决策的正确性是工程造价合理性的前提

项目决策正确，意味着对项目建设做出科学的决断，优选出最佳投资方案，达到资源的合理配置。这样才能合理地估计和计算工程造价，并且在实施最优投资方案过程中，有效地控制工程造价。项目决策失误，主要体现在对不该建设的项目进行投资建设，或者项目建设地点的选择错误，或者投资方案的确定不合理等。诸如此类的决策失误，会直接带来不必要的资金投入和人力、物力及财力的浪费，甚至造成不可弥补的损失。在这种情况下，合理地进行工程造价的计价与控制已经毫无意义了。因此，要达到工程造价的合理性，事先就要保证项目决策的正确性，避免决策失误。

2. 项目决策的内容是决定工程造价的基础

工程造价的计价与控制贯穿于项目建设全过程，但决策阶段各项技术经济决策，对该项目的工程造价有重大影响，特别是建设标准的确定、建设地点的选择、工艺的评选、设备选用等，直接关系到工程造价的高低。据有关资料统计，在项目建设各阶段中，投资决策阶段影响工程造价的程度最高，达到 80% ~ 90%。因此，决策阶段是决定工程造价的基础阶段，直接影响着决策阶段之后的各个建设阶段工程造价的计价与控制是否科学、合理。

3. 造价高低、投资多少也影响项目决策

决策阶段的投资估算是进行投资方案选择的重要依据之一，同时也是决定项目是否可行及主管部门进行项目审批的参考依据。

4. 项目决策的深度影响投资估算的精确度，也影响工程造价的控制效果

投资决策过程，是一个由浅入深、不断深化的过程，依次分为若干工程阶段，不同阶段决策的深度不同，投资估算的精确度也不同。如投资机会及项目建议书阶段，是初步决策的阶段，投资估算的误差率在 ±30% 左右；而详细可行性研究阶段，是最终决策阶段，投资估算误差率在 ±10% 以内。另外，由于在项目建设各阶段中，即决策阶段、初步设计阶段、技术设计阶段、施工图设计阶段、工程招投标及承发包阶段、施工阶段，以及竣工验收阶段，通过工程造价的确定与控制，应形成投资估算、设计概算、修正概算、施工图预算、承包合同价、结算价及竣工决算。这些造价形式之间存在着前者控制后者，后者补充前者的相互作用关系。按照“前者控制后者”的制约关系，意味着投资估算作为限额目标，对其后面的各种形式的造价起着制约作用。由此可见，只有加强项目决策的深度，采用科学的估算方法和可靠的数据资料，合理地计算投资估算，保证投资估算打足，才能保证其他阶段的造价被控制在合理范围，使投资控制目标能够实现，避免“三超”现象发生。

（三）项目决策阶段影响工程造价的主要因素

1. 项目合理规模的确定

项目合理规模的确定，就是要合理选择拟建项目的生产规模，解决“生产多少”的问题，每一个建设项目都存在着一个合理规模的选择问题。生产规模过小，使得资源得不到有效配置，单位产品成本较高，经济效益低下；生产规模过大，超过了项目产品市场的需求量，则会导致开工不足、产品积压或降价销售，致使项目经济效益也会低下。因此，项目规模的合理选择关系着项目的成败，决定着工程造价合理与否。

在确定项目规模时，不仅要考虑项目的内部各因素之间的数量匹配、能力协调，还要使所有生产力因素共同形成的经济实体（如项目）在规模上大小适中。这样可以合理确定和有效控制工程造价，提高项目的经济效益。但同时也须注意，规模扩大所产生的效益不是无限的，它受到技术进步、管理水平、项目经济技术环境等多种因素的制约。超过一定限度，规模效益将不再出现，甚至可能出现单位成本递增和收益递减的现象。项目规模合理化的制约因素有：

（1）市场因素

市场因素是项目规模确定中须考虑的首要因素。其中，项目产品的市场需求状况是确

定项目生产规模的前提。一般情况下，项目的生产规模应以市场预测的需求量为限，并根据项目生产市场的长期发展趋势做相应调整。除此之外，还要考虑原材料市场、资金市场、劳动力市场等，它们也对项目规模的选择起着不同程度的制约作用。如项目规模过大可能导致材料供应紧张和价格上涨，项目投资资金的筹集困难和资金成本上升等。

（2）技术因素

先进的生产技术及技术装备是项目规模效益赖以存在的基础，而相应的管理技术水平则是实现规模效益的保证。若与经济规模生产相适应的先进技术及其装备的来源没有保障，或获取技术的成本过高，或管理水平跟不上，则不仅预期的规模效益难以实现，还会给项目的生存和发展带来危机，导致项目投资效益低下，工程支出浪费严重。

（3）环境因素

项目的建设、生产和经营离不开一定的社会经济环境，项目规模确定中须考虑的主要环境因素有：政策因素、燃料动力供应、协作及土地条件、运输及通信条件。其中，政策因素包括产业政策、投资政策、技术经济政策，以及国家、地区及行业经济发展规划等。特别是为了取得较好的规模效益，国家对部分行业的新建项目规模做了下限规定，选择项目规模时应予以遵照执行。

2. 建设标准水平的确定

建设标准的主要内容：建设规模、占地面积、工艺装备、建筑标准、配套工程、劳动定员等方面的标准或指标。建设标准是编制、评估、审批项目可行性研究的重要依据，是衡量工程造价是否合理及监督检查项目建设的客观尺度。

建设标准能否起到控制工程造价、指导建设投资的作用，关键在于标准水平定得合理与否。标准水平定得过高，会脱离我国的实际情况和财力、物力的承受能力，增加造价；标准水平定得过低，将会妨碍技术进步，影响国民经济的发展和人民生活的改善。因此，建设标准水平应从我国目前的经济发展水平出发，区别不同地区、不同规模、不同等级、不同功能，合理确定。大多数工业交通项目应采用中等适用的标准，对少数引进国外先进技术和设备的项目或少数有特殊要求的项目，标准可适当高些。在建筑方面，应坚持经济、适用、安全、朴实的原则。建设项目标准中的各项规定，能定量的应尽量给出指标，不能规定指标的要有定性的原则要求。

3. 建设地区及建设地点（厂址）的选择

一般情况下，确定某个建设项目的具体地址（或厂址），需要经过建设地区选择和建设地点选择（厂址选择）这样两个不同层次的、相互联系又相互区别的工作阶段。这两个阶段是一种递进关系。其中，建设地区选择是指在几个不同地区之间对拟建项目适宜配置在哪个区域范围的选择；建设地点选择是指对项目具体坐落位置的选择。

五、工程项目设计阶段工程造价的控制与审核

（一）工程设计、设计阶段及设计程序

1. 工程设计的含义

工程设计是指在工程开始施工之前，设计者根据已批准的设计任务书，为具体实现拟建项目的技术、经济要求，拟定建筑、安装及设备制造等所需的规划、图纸、数据等技术文件的工作。设计是建设项目由计划变为现实具有决定意义的工作阶段。设计文件是建筑安装施工的依据。拟建工程在建设过程中能否保证进度、保证质量和节约投资，在很大程度上取决于设计质量的优劣。工程建成后，能否获得满意的经济效果，除了项目决策之外，设计工作起着决定性的作用。设计工作的重要原则之一是保证设计的整体性。为此设计工作必须按一定的程序分阶段进行。

2. 设计阶段

为保证工程建设和设计工作有机的配合和衔接，将工程设计分为几个阶段。我国规定，一般工业项目与民用建设项目设计按初步设计和施工图设计两个阶段进行，称为“两阶段设计”；对于技术上复杂而又缺乏设计经验的项目，可按初步设计、技术设计和施工图设计三个阶段进行，称之为“三阶段设计”。

3. 设计程序

（1）设计准备

设计者在动手设计之前，首先要了解并掌握各种有关的外部条件和客观情况：包括地形、气候、地质、自然环境等自然条件；城市规划对建筑物的要求；交通、水、电、气、通信等基础设施状况；业主对工程的要求，特别是工程应具备的各项使用要求；对工程经济估算的依据和所能提供的资金、材料、施工技术和装备等以及可能影响工程的其他客观因素。

（2）初步方案

在第一阶段收集资料的基础上，设计者对工程主要内容（包括功能与形式）的安排有个大概的布局设想，然后要考虑工程与周围环境之间的关系。在这一阶段设计者可以同使用者和规划部门充分交换意见，最后使自己的设计取得规划部门的同意，与周围环境有机地融为一体。对于不太复杂的工程，这一阶段可以省略，把有关的工作并入初步设计阶段。

（3）初步设计

这是设计过程中的一个关键性阶段，也是整个设计构思基本形成的阶段。通过初步设计可以进一步明确拟建工程在指定地点和规定期限内进行建设的技术可行性和经济合理性，并规定主要技术方案、工程总造价和主要技术经济指标，以利于在项目建设和使用过程中最有效地利用人力、物力和财力。工业项目初步设计包括总平面设计、工艺设计和建筑设计三部分。在初步设计阶段应编制设计总概算。

（4）技术设计

技术设计是初步设计的具体化，也是各种技术问题的定案阶段。技术设计所应研究和决定的问题，与初步设计大致相同，但需要根据更详细的勘察资料和技术经济计算加以补充修正。技术设计的详细程度应能满足确定设计方案中重大技术问题和有关实验、设备选制等方面的要求，应能保证根据它编制施工图和提出设备订货明细表。技术设计的着眼点，除体现初步设计的整体意图外，还要考虑施工的方便易行，如果对初步设计中所确定的方案有所更改，应对更改部分编制修正概算书。对于不太复杂的工程，技术设计阶段可以省略，把这个阶段的一部分工作纳入初步设计（承担技术设计部分任务的初步设计称为扩大初步设计），另一部分留待施工图设计阶段进行。

（5）施工图设计

这一阶段主要是通过图纸，把设计者的意图和全部设计结果表示出来，作为工人施工制作的依据。它是设计工作和施工工作的桥梁。具体包括建设项目各部分工程的详图和零部件、结构件明细表，以及验收标准、方法等。施工图设计的深度应能满足设备材料的选择与确定、非标准设备的设计与加工制作、施工图预算的编制、建筑工程施工和安装的要求。

（6）设计交底和配合施工

施工图发出后，根据现场需要，设计单位应派人到施工现场，与建设、施工单位共同汇审施工图，进行技术交底，介绍设计意图和技术要求，修改不符合实际和有错误的图纸，参加试运转和竣工验收，解决试运转过程中的各种技术问题，并检验设计的正确和完善程度。

（二）设计阶段影响工程造价的因素

1. 总平面设计

总平面设计是指总图运输设计和总平面配置。主要包括的内容有：厂址方案、占地面积和土地利用情况；总图运输、主要建筑物和构筑物及公用设施的配置；外部运输、水、电、气及其他外部协作条件等。

总平面设计是否合理对于整个设计方案的经济合理性有重大影响。正确合理的总平面设计可以大大减少建筑工程量，节约建设用地，节省建设投资，降低工程造价和项目运行后的使用成本，加快建设进度，并可以为企业创造良好的生产组织、经营条件和生产环境；还可以为城市建设和工业区创造完美的建筑艺术整体。总平面设计中影响工程造价的因素有:

（1）占地面积

占地面积的大小一方面影响征地费用的高低，另一方面也会影响管线布置成本及项目建成运营的运输成本。因此，在总平面设计中应尽可能节约用地。

（2）功能分区

无论是工业建筑还是民用建筑都有许多功能组成，这些功能之间相互联系，相互制约。合理的功能分区既可以使建筑物的各项功能充分发挥，又可以使总平面布置紧凑、安全；避免大挖大填、减少土石方量和节约用地，降低工程造价。同时，合理的功能分区还可以使生产工艺流程通畅，运输简便，降低项目建成后的运营成本。

（3）运输方式的选择

不同的运输方式其运输效率及成本不同。有轨运输运量大，运输安全，但需要一次性投入大量资金；无轨运输无须一次性大规模投资，但是运量小，运输安全性较差。从降低工程造价的角度来看，应尽可能选择无轨运输，可以减少占地，节约投资。但是运输方式的选择不能仅仅考虑工程造价，还应考虑项目运营的需要，如果运输量较大，则有轨运输往往比无轨运输成本低。

2. 工艺设计

工艺设计部分要确定企业的技术水平。主要包括建设规模、标准和产品方案；工艺流程和主要设备的选型；主要原材料、燃料供应；“三废”治理及环保措施，此外还包括三产组织及生产过程中的劳动定员情况等。按照建设程序，建设项目的工艺流程在可行性研究阶段已经确定。设计阶段的任务就是严格按照批准的可行性研究报告的内容进行工艺技术方案的设计，确定从原料到产品整个生产过程的具体工艺流程和生产技术。

3. 建筑设计

建筑设计部分，要在考虑施工过程的合理组织和施工条件的基础上，决定工程的立体平面设计和结构方案的工艺要求。建筑物和构筑物及公用辅助设施的设计标准，提出建筑工艺方案、暖气通风、给排水等问题的简要说明。在建筑设计阶段影响工程造价的主要因素有：

（1）平面形状

一般来说，建筑物平面形状越简单，它的单位面积造价就越低。当一座建筑物的平面又长又窄，或它的外形做得复杂而不规则时，其周长与建筑面积的比率必将增加，伴随而来的是较高的单位造价。因为不规则的建筑物将导致室外工程、排水工程、砌砖工程及屋面工程等复杂化，从而增加工程费用。一般情况下，建筑物周长与建筑面积之比（即单位建筑面积所占外墙长度）越低，设计越经济。

（2）流通空间

建筑物的经济平面布置的主要目标之一是，在满足建筑物使用要求的前提下，将流通空间减少到最小。因为门厅、过道、走廊、楼梯以及电梯井的流通空间都可以认为是“死空间”，都不能为了获利目的而加以使用，但是却需要相当多的采暖、采光、清扫和装饰及其他方面的费用。但是造价不是检验设计是否合理的唯一标准，其他如美观和功能质量的要求也是非常重要的。

（3）层高

在建筑面积不变的情况下，建筑层高增加会引起各项费用的增加：墙与隔墙及其有关粉刷、装饰费用的提高；供暖空间体积增加，导致热源及管理费增加；卫生设备、上下水管道长度增加；楼梯间造价和电梯设备费用的增加；另外，施工垂直运输量的增加，可能增加屋面造价；如果由于层高增加而导致建筑总高度增加很多，则还可能需要增加基础造价。

据有关资料分析，住宅层高每降低 10cm，可降低造价 1.2% ~ 1.5%。层高降低还可提高住宅区的建筑密度，节约征地费、拆迁费及市政设施费。

（4）建筑物层数

毫无疑问，建筑工程造价是随着建筑物的层数增加而提高的。但是当建筑层数增加时，单位建筑面积所分担的土地费用及外部流通空间费用将有所降低，从而使建筑物单位面积造价发生变化。建筑物层数对造价的影响，因建筑类型、形式和结构不同而不同。如果增加一个楼层不影响建筑物的结构形式，单位建筑面积的造价可能会降低。但是当建筑物超过一定层数时，结构形式就要改变，单位造价通常会增加。建筑物越高，电梯及楼梯的造价将有提高的趋势，建筑物的维修费用也将增加，但是采暖费用有可能下降。

（5）柱网布置

柱网布置是确定柱子的行距（跨度）和间距（每行柱子中相邻两个柱子间的距离）的依据。柱网布置是否合理，对工程造价和厂房面积的利用效率都有较大的影响。由于科学技术的飞跃发展，生产设备和生产工艺都在不断地变化。为适应这种变化，厂房柱距和跨度应当适当地扩大，以保证厂房有更大的灵活性，避免生产设备和工艺的改变受到柱网布置的限制。

（6）建筑物的体积与面积

通常情况下，随着建筑物体积和面积的增加，工程总造价会提高。因此应尽量减少建筑物的体积与总面积。为此，对于工业建筑，在不影响生产能力的条件下，厂房、设备布置力求紧凑合理；要采用先进工艺和高效能的设备，节省厂房面积；要采用大跨度、大柱距的大厂房平面设计形式，提高平面利用系数。对于民用建筑，尽量减少结构面积比例，增加有效面积。住宅结构面积与建筑面积之比称为结构面积系数。这个系数越小，设计越经济。

（7）建筑结构

建筑结构是指建筑工程中由基础、梁、板、柱、墙屋架等构件所组成的起骨架作用的、能承受直接和间接“荷载”的体系。建筑结构按所用材料可分为：砌体结构、钢筋混凝土结构、钢结构和木结构等。

①砌体结构，是由墙砖、砌块、料石等块材通过砂浆砌筑而成的结构。具有就地取材、造价低廉、耐火性能好以及容易砌筑等优点。有关资料研究表明，五层以下的建筑物砌体结构比钢筋混凝土结构经济。

②钢筋混凝土结构坚固耐久，强度、刚度较大，抗震、耐热、耐酸、耐碱、耐火性能好，便于预制装配和采用工业化方法施工，在大中型工业厂房中广泛应用。对于大多数多层办公楼和高层公寓的主要框架工程来说，钢筋混凝土比钢结构便宜。

③结构是由钢板和型钢等钢材，通过焊、螺栓等连接而成的结构。多层房屋采用钢结构在经济上的主要优点为：

A. 因为柱的截面较小，而且比钢筋混凝土结构所要求的柱子占用的楼层空间也少，因而结构尺寸减少；

B. 安装精确，施工迅速；

C. 由于结构自重较小而降低了基础造价；

D. 由于钢结构在柱网布置方面具有较大的灵活性，因而平面布置灵活；

E. 外墙立面、窗的组合方式及室内布置可以适应未来变化的需要。

④木结构是指全部或大部分采用木材搭建的结构。具有就地取材、制作简单、容易加工等优点。但由于大量消耗木材资源，会对生态环境带来不利影响，因此，在各类建筑工程中较少使用木结构。木结构的主要缺点是：易燃、易腐蚀、易变形等。

以上分析可以看出，建筑材料和建筑结构是否合理，不仅直接影响到工程质量、使用寿命、耐火抗震性能，而且对施工费用、工程造价有很大的影响。尤其是建筑材料，一般占直接费的70%，降低材料费用，不仅可以降低直接费，而且也会导致间接费的降低。采用各种先进的结构形式和轻质高强度建筑材料，能减轻建筑物自重，简化基础工程，减少建筑材料和构配件的费用及运费，并能提高劳动生产率和缩短建设工期，经济效果十分明显。

（三）设计阶段工程造价计价与控制的重要意义

第一，在设计阶段进行工程造价的计价分析可以使造价构成更合理，提高资金利用效率。设计阶段工程造价的计价形式是编制设计预算，通过设计预算可以了解工程造价的构成，分析资金分配的合理性。并可以利用价值工程理论分析项目各个组成部分功能与成本的匹配程度，调整项目功能与成本使其趋于合理。

第二，在设计阶段进行工程造价的计价分析可以提高投资控制效率。编制设计概算并进行分析，可以了解工程各组成部分的投资比例。对于投资比例比较大的部分应作为投资的重点，这样可以提高投资控制效率。

第三，在设计阶段控制工程造价会使控制工作更主动。长期以来，人们把控制理解为目标值与实际值的比较，以及当实际值偏离目标值时分析产生差异的原因，确定下一步对策。这对于批量性生产的制造业而言，是一种有效的管理方法。但是对于建筑业而言，由于建筑产品具有单件性、价值昂贵的特点，这种管理方法只能发现差异，不能消除差异，也不能预防差异的发生，而且差异一旦发生，损失往往很大，这是一种被动的控制方法。而如果在设计阶段控制工程造价，可以先按一定的质量标准，开列新建建筑物每一部分或分项的计划支出费用的报表，即造价计划。在详细设计制定出来以后，对工程的每一部分或分项的估算造价，对照造价计划中所列的指标进行审核，预先发现差异，主动采取一些控制方法消除差异，使设计更经济。

第四，在设计阶段控制工程造价便于技术与经济相结合。工程设计工作往往是由建筑师等专业技术人员来完成的。他们在设计过程中往往更关注工程的使用功能，力求采用比较先进的技术方法实现项目所需功能，而对经济因素考虑较少。如果在设计阶段吸收造价工程师参与全过程设计，使设计从一开始就建立在健全的经济基础之上，在做出重要决定时能充分认识其经济后果。另外投资限额一旦确定以后，设计只能在确定限额内进行，有利于建筑师发挥个人创造力，选择一种最经济的方式实现技术目标。从而确保设计方案能较好地体现技术与经济的结合。

第五，在设计阶段控制工程造价效果最显著。工程造价控制贯穿于项目建设全过程，这一点是毫无疑问的。但是进行全过程控制还必须突出重点。

六、工程项目施工阶段工程造价的控制与审核

（一）工程变更概述

1. 工程变更的分类

由于工程建设的周期长、涉及的经济关系和法律关系复杂、受自然条件和客观因素的影响大，导致项目的实际情况与项目招标时的情况相比会发生一些变化。因此，工程的实际施工情况与招标投标的工程情况相比往往会有一些变化。工程变更包括工程量变更、工程项目的变更（如发包人提出或者删减原项目内容）、进度计划的变更、施工条件的变更等。如果按照变更的起因划分，变更的种类有很多，如：发包人的变更指令（包括发包人对工程有了新的要求、发包人修改项目计划、发包人削减预算、发包人对项目进度有了新的要求等）；由于设计错误，必须对设计图纸做修改；工程环境变化；由于产生了新的技术和知识，有必要改变原设计、实施方案或实施计划；法律、法规或者政府对建设项目有了新的要求等。当然，这样的分类并不是十分严格的，变更原因也不是相互排斥的。这些变更最终往往表现为设计变更，因为我国要求严格按图施工，因此，如果变更影响了原来的设计，则首先应当变更原设计。考虑到设计变更在工程变更中的重要性，往往将工程变更分为设计变更和其他变更两大类。

（1）设计变更

在施工过程中如果发生设计变更，将对施工进度产生很大的影响。因此，应尽量减少设计变更，如果必须对设计进行变更，必须严格按照国家的规定和合同约定的程序进行。由于发包人对原设计进行变更，以及经工程师同意的、承包人要求进行的设计变更，导致合同价款的增减及造成的承包人损失，由发包人承担，延误的工期相应顺延。

（2）其他变更

合同履行中发包人要求变更工程质量标准及发生其他实质性变更，由双方协商解决。

2. 工程变更的处理要求

第一，如果出现了必须变更的情况，应当尽快变更。如果变更不可避免，不论是停止施工等待变更指令，还是继续施工，无疑都会增加损失。

第二，工程变更后，应当尽快落实变更。工程变更指令发出后，应当迅速落实指令，全面修改相关的各种文件。承包人也应当抓紧落实，如果承包人不能全面落实变更指令，则扩大的损失应当由承包人承担。

第三，对工程变更的影响应当做进一步分析。工程变更的影响往往是多方面的，影响持续的时间也往往较长，对此应当有充分的分析。

（二）《建设工程施工合同（示范文本）》条件下的工程变更

1. 工程变更的程序

（1）设计变更的程序

从合同角度看，不论因为什么原因导致的设计变更，必须首先由一方提出，因此，可以分为发包人对原设计进行变更和承包人原因对原设计进行变更两种情况。

①发包人对原设计进行变更。施工中发包人如果需要对原工程设计进行变更，应不迟于变更前 14 天内以书面形式向承包人发出变更通知。承包人对于发包人的变更通知没有拒绝的权利，这是合同赋予发包人的一项权利。因为发包人是工程的出资人、所有人和管理者，对将来工程的运行承担主要的责任，只有赋予发包人这样的权利才能减少更大的损失。但是，变更超过原设计标准或者批准的建设规模时，须经原规划管理部门和其他有关部门审查批准，并由原设计单位提供变更的相应的图纸和说明。

②承包人原因对原设计进行变更。承包人应当严格按照图纸施工，不得随意变更设计。施工中承包人提出的合理化建议及对设计图纸或者施工组织设计的更改及对原材料、设备更换，须经工程师同意。工程师同意变更后，也须经原规划管理部门和其他有关部门审查批准，并由原设计单位提供变更的相应的图纸和说明。承包人未经工程师同意不得擅自更改或换用，否则承包人承担由此发生的费用，赔偿发包人的有关损失，延误的工期不予顺延。

③设计变更的事项。能够构成设计变更的事项包括以下变更：

A. 更改有关部分的标高、基线、位置和尺寸；

B. 增减合同中约定的工程量；

C. 改变有关工程的施工时间和顺序；

D. 其他有关工程变更需要的附加工作。

（2）其他变更的程序

从合同角度看，除设计变更外，其他能够导致合同内容变更的都属于其他变更。如双方对工程质量要求的变化（当然是强制性标准以上的变化）、双方对工期要求的变化、施工条件和环境的变化导致施工机械和材料的变化等。这些变更的程序，首先应当由一方提出，与对方协商一致签署补充协议后，方可进行变更。

2. 变更后合同价款的确定程序

（1）变更后合同价款的确定程序

设计变更发生后，承包人在工程设计变更确定后 14d 内，提出变更工程价款的报告，经工程师确认后调整合同价款。承包人在确定变更后 14d 内不向工程师提出变更工程价款报告的，视为该项设计变更不涉及合同价款的变更。工程师收到变更工程价款报告之日起

7d 内，予以确认。工程师无正当理由不确认时，自变更价款报告送达之日起 14d 后变更工程价款报告自行生效。其他变更也应当参照这一程序进行。

（2）变更后合同价款的确定方法

变更合同价款按照下列方法进行：

①合同中已有适用于变更工程的价格，按合同已有的价格计算变更合同价款；

②合同中只有类似于变更工程的价格，可以参照此价格确定变更价格，变更合同价款；

③合同中没有适用或类似于变更工程的价格，由承包人提出适当的变更价格，经工程师确认后执行。

因此，在变更后合同价款的确定上，首先应当考虑适用合同中已有的、能够适用或者能够参照适用的，其原因在于合同中已经订立的价格（一般是通过招标投标）是较为公平合理的，因此应当尽量适用。由承包人提出的变更价格，工程师如果能够确认，则按照这一价格执行。如果工程师不确认，则应当提出新的价格，由双方协商，按照协商一致的价格执行。如果无法协商一致，则可以由工程造价部门调解，如果双方或者一方无法接受，则应当按照合同纠纷的解决方法解决。

第二节 定额计价方式下的造价审核

一、设计概算的审查

（一）审查设计概算的意义

审查设计概算，有利于合理分配投资资金、加强投资计划管理，有助于合理确定和有效控制工程造价。设计概算编制偏高或偏低，不仅影响工程造价的控制，也会影响投资计划的真实性，影响投资资金的合理分配。

审查设计概算，有利于促进概算编制单位严格执行国家有关概算的编制规定和费用标准，从而提高概算的编制质量。

审查设计概算，有利于促进设计的技术先进性与经济合理性。概算中的技术经济指标，是概算的综合反映，与同类工程对比，便可看出它的先进性与合理程度。

审查设计概算，有利于核定建设项目的投资规模，可以使建设项目总投资力求做到准确、完整，防止任意扩大投资规模或出现漏项，从而减少投资缺口，缩小概算与预算之间的差距，避免故意压低概算投资，搞“钓鱼”项目，最后导致实际造价大幅度的突破概算。

经审查的概算，有利于为建设项目投资的落实提供可靠的依据。打足投资，不留缺口，有利于提高建设项目的投资效益。

（二）设计概算的审查内容

1. 审查设计概算的编制依据

（1）审查编制依据的合法性

采用的各种编制依据必须经过国家和授权机关的批准，符合国家的编制规定，未经批准的不能采用。不能强调情况特殊，擅自提高概算定额、指标或费用标准。

（2）审查编制依据的时效性

各种依据，如定额、指标、价格、取费标准等，都应根据国家有关部门的现行规定进行，注意有无调整和新的规定，如有，应按新的调整办法和规定执行。

（3）审查编制依据的适用范围

各种编制依据都有规定的适用范围，如各主管部门规定的各种专业定额及其取费标准，只适用于该部门的专业工程；各地区规定的各种定额及其取费标准，只适用于该地区范围内，特别是地区的材料预算价格区域性更强，如某市有该市区的材料预算价格，又编制了地区内一个矿区的材料预算价格，在编制该矿区某工程概算时，应采用该矿区的材料预算价格。

2. 审查概算编制深度

（1）审查编制说明

审查编制说明可以检查概算的编制方法、深度和编制依据等重大原则问题，若编制说明有差错，具体概算必有差错。

（2）审查概算编制深度

一般大中型项目的设计概算，应有完整的编制说明和“三级概算”（即总概算表、单项工程综合概算表、单位工程概算表），并按有关规定的深度进行编制。审查是否有符合规定的“三级概算”，各级概算的编制、核对、审核是否是按规定签署，有无随意简化，有无把“三级概算”简化为“二级概算”，甚至“一级概算”。

（3）审查概算的编制范围

审查概算编制范围及具体内容是否与主管部门批准的建设项目范围及具体工程内容一致；审查分期建设项目的建筑范围及具体工程内容有无重复交叉，是否重复计算或漏算；审查其他费用应列的项目是否符合规定，静态投资、动态投资和经营性项目铺底流动资金是否分别列出等。

3. 审查工程概算的内容

第一，审查概算的编制是否符合党的方针、政策，是否根据工程所在地的自然条件的编制。

第二，审查建设规模（投资规模、生产能力等）、建设标准（用地指标、建筑标准等）配套工程、设计定员等是否符合原批准的可行性研究报告或立项批文的标准。对总概算投资超过批准投资估算10%以上的，应查明原因，重新上报审批。

第三，审查编制方法、计价依据和程序是否符合现行规定，包括定额和指标的适用范围和调整方法是否正确。进行定额或指标的补充时，要求补充定额的项目划分、内容组成、编制原则等要与现行的定额精神相一致等。

第四，审查工程量是否正确。工程量的计算是否根据初步设计图纸、概算定额、工程量计算规则和施工组织设计的要求进行，有无多算、重算和漏算，尤其对工程量大、造价高的项目要重点审查。

第五，审查工程量是否正确。工程量的计算是否根据初步设计图纸、概算定额、工程量计算规则和施工组织设计的要求进行，有无多算、复算和漏算，尤其对工程量大、造价高的项目要重点审查。

第六，审查材料用量和价格。审查主要材料（钢材、木材、水泥、砖）的用量数据是否正确，材料预算价格是否符合工程所在地的价格水平、材料价差调整是否符合现行规定及其计算是否正确等。

第七，审查设备规格、数量和配置是否符合设计要求，是否与设备清单相一致，设备预算价格是否真实，设备原价和运杂费的计算是否正确，非标设备原价的计价方法是否符合规定，进口设备的各项费用的组成及其计算程序、方法是否符合国家主管部门的规定。

第八，审查建筑安装工程的各项费用的计取是否符合国家或地方有关部门的现行规定，计算程序和取费标准是否正确。

第九，审查综合概算、总概算的编制内容、方法是否符合现行规定和设计文件的要求，有无设计文件外项目，有无将非生产性项目以生产性项目列入。

第十，审查总概算文件的组成内容，是否完整地包括了建设项目从筹建到竣工投产为止的全部费用组成。

第十一，审查工程建设其他各项费用。这部分费用内容多、弹性大，约占项目总投资25%以上，要按国家和地区规定逐项审查，不属于总概算范围的费用项目不能列入概算，具体费率或计取标准是否按国家、行业有关部门规定计算，有无随意列项、有无多列、交叉计列和漏项等。

第十二，审查项目的“三废”治理。拟建项目必须同时安排“三废”（废水、废气、废渣）的治理方案和投资，对于未做安排或漏项或多算、重算的项目，要按国家有关规定核实投资，以满足“三废”排放达到国家标准。

第十三，审查技术经济指标。技术经济指标计算方法和程序是否正确，综合指标和单项指标与同类型工程指标相比，是偏高还是偏低，其原因是什么，并予以纠正。

第十四，审查投资经济效果。设计概算是初步设计经济效果的反映，要按照生产规模、工艺流程、产品品种和质量，从企业的投资效益和投产后的运营效益全面分析，是否达到了先进可靠、经济合理的要求。

（三）审查设计概算的方法

采用适当方法审查设计概算，是确定审查质量、提高审查效率的关键。常用方法有：

1. 对比分析法

对比分析法主要是通过建设规模、标准与立项批文对比；工程数量与设计图纸对比；综合范围、内容与编制方法、规定对比；各项取费与规定标准对比；材料、人工单价与统一信息对比；引进设备、技术投资与报价要求对比；技术经济指标与同类工程对比；等等，发现设计概算存在的主要问题和偏差。

2. 查询核实法

查询核实法是对一些关键设备和设施、重要装置、引进工程图纸不全、难以核算的较大投资进行多方查询核对，逐项落实的方法。主要设备的市场价向设备供应部门或招标公司查询核实；重要生产装置、设施向同类企业（工程）查询了解；引进设备价格及有关费税向进出口公司调查落实；复杂的建筑安装工程向同类工程的建设、承包、施工单位征求意见；深度不够或不清楚的问题直接向原概算编制人员、设计者询问清楚。

3. 联合会审法

联合会审前，可先采取多种形式分头审查，包括设计单位自审，主管、建设、承包单位初审，工程造价咨询公司评审，邀请同行专家预审，审批部门复审等，经层层审查把关后，由有关单位和专家进行联合会审。在会审大会上，由设计单位介绍概算编制情况及有关问题，各有关单位、专家汇报初审、预审意见。然后进行认真分析、讨论，结合对各专业技术方案的审查意见所产生的投资增减，逐一核实原概算出现的问题。经过充分协商，认真听取设计单位意见后，实事求是地处理和调整。

通过以上复审后，对审查中发现的问题和偏差，按照单项、单位工程的顺序，先按设备费、安装费、建筑费和工程建设其他费用分类整理。然后按照静态投资、动态投资和铺底流动资金三大类，汇总核增或核减的项目及其投资额。最后将具体单据，按照“原编概算”“审核结果”“增减投资”“增减幅度”四栏列表，并按照原总概算表汇总顺序，将增减项目逐一列出，相应调整所属项目投资合计，再依次汇总审核后的总投资及增减投资额。对于差错较多、问题较大或不能满足要求的，责成按会审意见修改返工后，重新报批；对于无重大原则问题，深度基本满足要求，投资增减不多的，当地核定概算投资额，并提交审批门复核后，正式下达审批概算。

二、施工图预算的审查

（一）审查施工图预算的意义

施工图预算编完之后，需要认真进行审查。加强施工图预算的审查，对于提高预算的准确性，正确贯彻党和国家的有关方针政策，降低工程造价具有重要的现实意义。

第一，有利于控制工程造价，克服和防止预算超概算。

第二，有利于加强固定资产投资管理，节约建设资金。

第三，有利于施工承包合同价的合理确定和控制。因为，施工图预算，对于招标工程，它是编制标底的依据；对于不宜招标工程，它是合同价款结算的基础。

第四，有利于积累和分析各项技术经济指标，不断提高设计水平。通过审查工程预算，核实了预算价值，为积累和分析技术经济指标，提供了准确数据，进而通过有关指标的比较，找出设计中的薄弱环节，以便及时改进，不断提高设计水平。

（二）审查施工图预算的内容

审查施工图预算的重点，应该放在工程量计算、预算单价套用、设备材料预算价格取定是否正确，各项费用标准是否符合现行规定等方面。

1. 审查工程量

（1）土方工程

①平整场地、挖地槽、挖地坑、挖土方，工程量的计算是否符合现行定额计算规定和施工图纸标注尺寸，土壤类别是否与勘察资料一致，地槽与地坑放坡、带挡土板是否符合设计要求，有无重算和漏算。

②回填土工程量应注意地槽、地坑回填土的体积是否扣除了基础所占体积，地面和室内填土的厚度是否符合设计要求。

③运土方的审查除了注意运土距离外，还要注意运土数量是否扣除了就地回填的土方。

（2）打桩工程

①注意审查各种不同桩料，必须分别计算，施工方法必须符合设计要求。

②桩料长度必须符合设计要求，桩料长度如果超过一般桩料长度需要接桩时，注意审查接头数是否正确。

（3）砖石工程

①墙基和墙身的划分是否符合规定。

②按规定不同厚度的内、外墙是否分别计算的，应扣除的门窗洞口及埋入墙体的各种钢筋混凝土梁、柱等是否已扣除。

③不同砂浆标号的墙和定额规定按立方米或按平方米计算的墙，有无混淆、错算或漏算。

④混凝土及钢筋混凝土工程

A. 现浇与预制构件是否分别计算，有无混淆。

B. 现浇与主梁与次梁及各种构件计算是否符合规定，有无重算或漏算。

C. 有筋与无筋构件是否按设计规定分别计算，有无混淆。

D. 钢筋混凝土的含钢量与预算定额的含钢量发生差异时，是否按规定予以增减调整。

⑤木结构工程

A. 门窗是否分为不同种类按门、窗洞口面积计算。

B. 木装修的工程量是否按规定分别以延长米或平方米计算。

⑥楼地面工程

A. 楼梯抹面是否按踏步和休息平台部分的水平投影面积计算。

B. 细石混凝土地面找平层的设计厚度与定额厚度不同时，是否按其厚度进行换算。

⑦层面工程

A. 卷材屋面工程是否与屋面找平层工程量相等。

B. 屋面保温层的工程量是否按屋面层的建筑面积乘以保温层平均厚度计算，不做保温层的挑檐部分是否按规定不做计算。

⑧构筑物工程

当烟囱和水塔定额是以座编制时，地下部分已包括在定额内，按规定不能再另行计算。审查是否符合要求，有无重算。

⑨装饰工程内墙抹灰的工程量是否按墙面的净高和净宽计算，有无重算或漏算。

⑩金属构件制作工程。金属构件制作工程量多数以吨为单位，在计算时，型钢按图示尺寸求出长度，再乘以每米的重量；钢板要求算出面积再乘以每平方米的重量，审查是否符合规定。

（4）水暖工程

①室内排水管道、暖气管道的划分是否符合规定。

②各种管道的长度、口径是否按设计规定计算。

③室内给水管道不应扣除阀门、接头零件所占的长度，但应扣除卫生设备（浴盆、卫生盆、冲洗水箱、淋浴器等）本身所附带的管道长度，审查是否符合要求，有无重算。

④室内排水工程采用承插铸铁管，不应扣除异形管及检查口所占长度。

⑤室外排水管道是否已扣除了检查井与连接井所占的长度。

⑥暖气片的数量是否与设计一致。

（5）电气照明工程

①灯具的种类、型号、数量是否与设计图一致。

②线路的敷设方法、线材品种等，是否达到设计标准，工程量计算是否正确。

（6）设备及其安装工程

①设备的种类、规格、数量是否与设计相符，工程量计算是否正确。

②需要安装的设备和不需要安装的设备是否分清，有无把无须安装的设备作为安装的设备计算安装工程费用。

2. 审查设备、材料的预算价格

设备、材料预算价格是施工图预算造价所占比重最大、变化最大的内容，要重点审查。

第一，审查设备、材料的预算价格是符合工程所在地的真实价格及价格水平。若是采用市场价，要核实其真实性、可靠性；若是采用有关部门公布的信息价，要注意信息价的时间、地点是否符合要求，是否要按规定调整。

第二，设备、材料的原价确定方法是否正确。非标准设备的原价的计价依据、方法是否正确、合理。

第三，设备的运杂费率及其运杂费的计算是否正确，材料预算价格的各项费用计算是否符合规定。

3. 审查预算单价的套用

审查预算单价套用是否正确，是审查预算工作的主要内容之一。审查时应注意以下几方面：

第一，预算中所列各分项工程预算单价是否与现行预算定额的预算单价相符，其名称、规格、计量单位和所包括的工程内容是否与单位估价表一致。

第二，审查换算的单价，首先要审查换算的分项工程是定额中允许换算的，其次审查换算是否正确。

第三，审查补充额和单位估价表的编制是否符合编制原则，单位估价表计算是否正确。

4. 审查有关费用项目及其计取

其他直接费包括的内容，各地不一，具体计算时，应按当地的现行规定执行。审查时要注意是否符合规定和定额要求。审查现场经费和间接费的计取是否按有关规定执行。有关费用项目计取的审查，要注意以下几方面：

第一，其他直接费和现场经费及间接费的计取基础是否符合现行规定，有无不能作为计费基础的费用，列入计费的基础。

第二，预算外调增的材料差价是否计取了间接费。直接费或人工费增减后，有关费用是否相应做了调整。

第三，有无巧立名目，乱计费、乱摊费现象。

（三）审查施工图预算方法

审查施工图预算的方法较多，主要有全面审查法、标准预算审查法、分组计算审查法、筛选审查法、重点抽查法、对比审查法、利用手册审查法和分角对比审查法等 8 种。

1. 全面审查法

全面审查法又叫逐项审查法，就是按预算定额顺序或施工的先后顺序，逐一地全部进行审查的方法。其具体计算差错比较少，质量比较高。缺点是工作量大。对于一些工程量比较小、工艺比较简单的工程，编制工程预算的技术力量又比较薄弱，可采用全面审查法。

2. 标准预算审查法

对于利用标准图纸或通用图纸施工的工程，先集中力量，编制标准预算，以此为标准审查预算的方法。按标准图纸设计或通用图纸施工的工程一般上部结构和做法相同，可集中力量细审一份预算或编制一份预算，作为这种标准图纸的标准预算，或以这种标准图纸的工程量为标准，对照审查，而对局部不同的部分做单独审查即可。这种方法的优点是时间短、效果好、好定案；缺点是只适应按标准图纸设计的工程，适用范围小。

3. 分组计算审查法

分组计算审查法是一种加快审查工程量速度的方法，把预算中的项目划分为若干组，并把相邻且有一定内在联系的项目编为一组，审查或计算同一组中某个分项工程量，利用工程量间具有相同或相似计算基础的关系，判断同组中其他几人分项工程量计算的准确程度的方法。一般土建工程可以分为以下几组：

（1）地槽挖土、基础砌体、基础垫层、槽坑回填土、运土

（2）底层建筑面积、地面面层、地面垫层、楼面面层、楼面找平层、楼板体积、天棚抹灰、

天棚刷浆、屋面层

（3）内墙外抹灰、外墙内抹灰、外墙内面刷浆、外墙上的门窗和圈过梁、外墙砌体在第（1）组中，先将挖地槽土方、基础砌体体积（室外地坪以下部分）、基础垫层计算出来，而槽坑回填土、外运的体积按下式确定：

回填土量 = 挖土量 -（基础砌体 + 垫层体积）余土外运量 = 基础砌体 + 垫层体积在第②组中，先把底层建筑面积、楼（地）面积计算出来。而楼面找平层、顶棚抹灰、刷白的工程量与楼（地）面面积相同；垫层工程量等于地面面积乘以垫层厚度，空心楼板工程量由楼面工程量乘以楼板的折算厚度（三种空心板折算厚度）底层建筑面积加挑檐面积，乘以坡度系数（平屋面不乘）就是屋面工程量；底层建筑面积乘以坡度系数（平屋面不乘）再乘以保温层的平均厚度为保温层工程量。

4. 对比审查法

是用已建成工程的预算或虽未建成但已审查修正的工程预算对比审查拟建的类似工程预算的一种方法。对比审查法，一般有以下几种情况，应根据工程的不同条件，区别对待。

第一，两个工程采用同一个施工图，但基础部分和现场条件不同。其新建工程基础以上部分可采用对比审查法；不同部分可分别采用相应的审查方法进行审查。

第二，两个工程设计相同，但建筑面积不同。根据两个工程建筑面积之比与两个工程分部分项工程量之比例基本一致的特点，可审查新建工程各分部分项工程的工程量。或者用两个工程每平方米建筑面积造价以及每平方米建筑面积的各分部分项工程量，进行对比审查，如果基本相同时，说明新建工程预算是正确的；反之，说明新建工程预算有问题，找出差错原因，加以更正。

第三，两个工程的面积相同，但设计图纸不完全相同时，可把相同的部分，如厂房中的柱子、房架、屋面、砖墙等，进行工程量的对比审查，不能对比的分部分项工程按图纸计算。

5. 筛选审查法

筛选法是统筹法的一种，也是一种对比方法。建筑工程虽然有建筑面积和高度的不同，但是它们的各个分部分项工程的工程量、造价、用工量在每个单位面积上的数值变化不大，我们把这些数据加以汇集、优选、归纳为工程量、造价（价值）、用工三个单方基本值表，并注明其适用的建筑标准。这些基本值犹如“筛子孔”用来筛选各分部分项工程，筛下去的就不审查了，没有筛下去的就意味着此分部分项的单位建筑面积数值不在基本值范围之内，应对该分部分项工程详细审查。当所审查的预算的建筑面积标准与“基本值”所适用的标准不同时，就要对其进行调整。筛选法的优点是简单易懂，便于掌握，审查速度和发现问题快。但解决差错分析其原因须继续审查。因此，此法适用于住宅工程或不具备全面审查条件的工程。

6. 重点抽查法

此法是抓住工程预算中的重点进行审查的方法。审查的重点一般是：工程量大或造价较高、工程结构复杂的工程，补充单位估价表，计取各项费用（计费基础、取费标准等）。重点抽查法的优点是重点突出，审查时间短、效果好。

7. 利用手册审查法

此法是把工程中常用的构件、配件事先整理成预算手册，按手册对照审查的方法。如工程常用的预制构配件；洗池、大便台、检查井、化粪池、碗柜等，几乎每个工程量，套上单价，编制成预算手册使用，可大大简化预算结算的编审工作。

8. 分解对比审查法

一个单位工程，按直接费与间接费进行分解，然后再把直接费按工种和分部工程进行分解，分别与审定的标准预算进行对比分析的方法，叫分解对比审查法。分解对比审查法一般有三个步骤：

第一步，全面审查某种建筑的定型标准施工图或复用施工图的工程预算，经审定后作为审查其他类似工程预算的对比基础。而且将审定预算按直接费与应取费分解成两部分，再把直接费分解为各工种工程和分部工程预算，分别计算出它们的每平方米预算价格。

第二步，把拟审的工程预算与同类型预算单方造价进行对比，若出入在 1% ~ 3% 以内（根据本地区要求）再按分部分项工程进行分解，边分解边对比，对出入较大者，进一步审查。

第三步，对比审查。其方法是：

第一，经分析对比，如发现应取费用相差较大，应考虑建设项目投资来源、级别、取费项目和取费标准是否符合现行规定；材料调价相差较大，则应进一步审查材料调价统一表，将各种调价材料的用量、单位差价及其调增数量等进行对比。

第二，经过分解对比，如发现土建工程预算价格出入较大，首先审查其土方和基础工程，再对比其余各个分部工程，发现某一分部工程预算价格相差较大时，再进一步对比各分项工程和工程细目。在对比时，先检查所列工程细目是否正确，预算价格是否一致。发现相差较大者，再进一步审查所套预算单价，最后审查该项工程细目的工程量。

（四）审查施工图预算的步骤

1. 做好审查前的准备工作

（1）熟悉施工图纸

施工图纸是编审预算分项数量的重要依据，必须全面熟悉了解，核对所有图纸，清点无误后，依次识读。

（2）了解预算采用的单位估价表

任何单位估价表或预算定额都有一定的适用范围，应根据工程性质，收集熟悉相应的单价、定额资料。

（3）弄清预算采用的单位估价表

任何单位估价表或预算定额都有一定的适用范围，应根据工程性质，收集熟悉相应的单价、定额资料。

2. 选择合适的审查方法，按相应内容审查

由于工程规模、繁简程度不同，施工方法和施工单位情况不一样，所编工程预算的质量也不同，因此，须选择适当的审查方法进行审查。综合整理审查资料，并与编制单位交换意见，定案后编制调整预算。审查后，需要进行增加或核减的，经与编制单位协商，统一意见，进行相应的修正。

三、工程造价结算审核

（一）工程造价审核的目的

这里所说的结算审核主要指工程竣工后针对施工单位提报的工程竣工结算文件进行的审核。它不同于前面提到的施工图预算审核。工程结算审核目的是：确定工程合理造价，为建设单位和施工单位双方进行结算提供一个合理依据。

（二）进行工程结算审核的意义

第一，有利于合理确定工程造价，为建设单位和施工单位进行结算提供依据。建设单位和施工单位都站在自己角度上考虑问题，建设单位尽量降低造价，施工单位一味想提高造价，两方出于自身目的，都有可能进入误区，致使双方达不成一致意见。这样，就需要工程造价咨询中介机构，运用其专业技术，既不偏向建设单位，也不偏向施工单位，公正客观地确定工程造价，为建设单位和施工单位进行结算提供依据。

第二，为建设单位节约资金，提高投资效益。施工单位属于工程造价方面的专业人士，

对施工或工程造价都比较熟悉而建设单位对于工程属于外行，而且人员结构不全或不合理；从某种意义上说，其掌握的信息比建设单位多，在这一点上，建设单位处于信息不对称的弱势方；而且一般情况下，工程竣工结算都由施工单位编制，施工单位会利用其自身的专业优势、信息优势和编制优势，从自身的出发点人为地提高造价，而建设单位自身的力量不足，就会聘请中介机构进行审核，从而起到为建设单位节约造价的目的。

第三，有利于对基本建设进行科学管理和监督。通过工程结算审核，可以为基本建设提供所需的人、财、物等方面的可靠数据，有利于正确实施基本建设借款、拨款、计划、统计和成本核算以及制定合理的技术经济考核指标，从而提高对基本建设的科学管理和监督。

第四，有利于促进施工单位提高经营管理水平。如果施工单位高估冒算提高了造价而建设单位没有审核出来，使施工单位获得较多的收入和不正当利润，就会使施工单位误入歧途，想通过不正当途径而不考虑在管理上下功夫，导致经营管理水平下降，而堵住高估冒算的口子，就逼着施工单位在经营管理上下功夫，有利于提高施工单位的管理水平，使施工单位向管理要效益而不是通过高估冒算获利。

如果结算编制漏项或低套少算就会影响施工单位正常的经济效益，也会促使施工单位加强自身的预算管理水平。

第五，可以分清责任，使建设单位基建管理人员摆脱人们的误解。

第六，合理确定工程造价，有利于保证施工单位的利润，保证建筑工程质量。

合理的工程造价为施工单位带来利润。工程造价超出合理的数额会为建设单位增加负担，使建设单位支付不必要费用，但造价低于正常的情况下对建设单位也没有什么好处。因为对施工单位来说，最终追求的是利润。当造价低于正常情况时，为了保证利润，施工单位会千方百计地偷工减料，致使建筑物质量下降，造成了豆腐渣工程，给人们以后的生活安全带来隐患。

（三）工程结算审核依据

审核依据即执行审核的法律依据、制度依据，说白了即是一个判罚尺度和标准，即根据什么去判断施工单位提供的结算的合理性、合法性和正确性。有了这个依据，施工单位提报的工程结算是对是错就有了一个衡量尺度，否则判断对错高低没有一个根据和尺度，施工单位没有理由证明自己编制的结算是正确的，同样，审核人员也没有理由去证明施工单位提报的结算是错误的。只有有了统一的尺度，用一个统一的尺度去度量同一对象，才有一个正确的结果，才能据此判断事物的对错，这道理和法官判案（先有宪法）和足球裁判判罚（先有比赛规则）一样。这样，拿审核对象的具体行为和事先制定的法律法规去比较，符合法律法规的就是正确的，不符合法律法规的，就是错误的，如果说没有了这种尺度和依据，那么法官判案，裁判判罚就没有一个统一的尺度，就会带有很大的主观随意性。为了保证工程结算的编制有法可依，国家建设部及各省、市、地定额站，都制定了自己的定额，并颁布了一些相关的地方性法规，但这些定额和法规，仅仅对定额编制提供了一个尺度和依据，为了保证有法必依，执法必严，还必须由中介机构对这些结算进行审核，为了保证审核的规范性和有效性，国家财政部、建设部也颁布了一些审核程序、依据等方面法规，制定一些审核法规是为了保证审核有法可依，其最终目的也只是保证工程结算有法可依，执法必严（至于违法现象，则由国家有关部门来执行处罚）。下面分别从两方面来说明工程结算编制和工程结算审核方面的法规：

第一，审核的判断依据——定额编制方面的法规制度。为了保证定额编制有法可依，各省、市、地都制定了自己的定额，并颁布了一些相关地方性法规，这些法规都是编制工程结算应遵循的法律依据。

第二，审核本身遵循的审核依据——审核程序及法规。如果仅仅编制工程结算，了解以上法规之后就足够了，但如果开展审核，就不一样，开展审核时，了解以上法规仅仅是问题的一方面，就像财务审核一样，仅仅了解财务会计规定是不行的，必须了解审核本身的有关规定，这也像人们经常说的那样“有不懂财务审核的会计，但是没有不懂会计的财务审核”，同样道理，有不懂审核的结算人员，但没有不懂结算的审核人员。审核依据法规主要有《中华人民共和国审核法》《工程造价咨询单位管理办法》等。

第三，关于审核依据需要说明的几个问题。

①无论是施工单位编制工程结算也好，还是造价咨询公司对工程结算进行审核也好，都要以国家法律、定额规定为前提和依据，即使这个法律有缺陷和弊漏，也不能自行更改，而应提出自己的看法，向定额站进行请示，待定额站答复后再据答复结论进行编制或审核。你不能自己认为定额编得不恰当而自己调高或调低，那样就降低了法律的尊严和权威性，同时也把建设单位、施工单位和造价咨询公司之间不容易建立起来的统一尺度给破坏了，导致审核无从下手。因为法律法规是随着人们对事物的不断认识了解进行修订、不断完善的，法规总是滞后于客观现实，你不能因为目前法律落后而不遵守它，有意见可以向法规制定部门提出，但在批复以前，仍应执行现行法律规定。

②定额本身的综合性很强，有的定额可能算低了，有的算高了，你不能单挑出一个定额来说定额本身是否有问题，况且定额的编制和制定考虑的是在社会市场条件下，平均工资和平均生产能力，你不能以个别否定全部。

③大家通过上述依据可以看出，有几项属于建筑工程结算编制本身的规定，而另外一些则是在有了建筑工程结算规定以后，如何执行落实的法规、规定，二者相辅相成，共同构成了一个整体，不可分割，前者是判罚尺度和依据，而后者则是有了这个依据尺度如何去判罚，判罚的过程需要遵守的制度、法规。仅仅有尺度而没有正确的实施程序，也不会出现正确的结果。这样有了工程结算编制的依据——定额以后，还必须有如何执行工程结算法规的监督性规定，以保证结算按工程定额及有关规定合理编制，保证工程造价公平合理。

（四）审核程序

审核程序就是审核的工作步骤问题。目前，中国的工程结算审核业务一般由建设单位委托具备造价咨询资格的中介机构来进行。下面以造价咨询公司的审核为例说明从受托审核到出具审核报告的工程结算审核的大致流程。

第一，考虑自身业务能力和能否保持独立性，决定是否承接该业务。

第二，接受建设单位委托，与建设单位签订合同书，明确双方的委托、受托关系，确定审核范围、审核收费、双方的责任和义务等。

第三，了解建设单位和施工单位的基本情况：

①询问建设单位施工代表和内部审核人员，了解施工单位内部控制的强弱及管理机构、组织机构的重大变化，了解施工单位的实际建筑能力、管理水平、质量信誉和经营状况等方面的情况。

②了解建设资金的来源，对工程的管理形式和过程，对施工单位的选择及合同的订立、执行情况，听取对施工单位的意见和对审核的看法。

③施工单位与建设单位关系（更加侧重于施工单位怎么承揽到业务，靠的是关系还是信誉，是招标还是投标等）。

④首先检查送来的资料是否齐全（对送审资料应在送审资料明细表中进行登记并附于报告后），然后根据项目大小、繁简程度，有选择地组成审核小组，小组内部进行分工，进行审核前准备。

⑤执行分析程序。审核人员应分析工程造价的重要比率，重视特殊交易情况。分析程序主要有三种用途：

第一，在审核计划阶段，帮助审核人员确定其他审核政策的性质、时间与范围。

第二，在审核实施阶段，直接作为实质性测试程序，以收集与各单位项目和各种交易有关的特殊认定的证据。

第三，在审核报告阶段，用于对被审核的工程结算的整体合理性做最后复核。第一、三阶段都必须执行分析程序，第二阶段的使用则是任意的。重要的比率有单位平方造价，又可细分为土建平方造价、装饰平方造价、安装平方造价等。在审核开始前，分析一下比率，审核完毕后，再分析一下，看是否和自己预计的一样，从整体来看这个结果是否合理，例如，普通平房的造价为 1500 元 /m^2 一看就不合理，不用审也知道有问题。

⑥考虑审核风险。

⑦编制审核计划，确定审核程序，审核人员在做好一系列准备工作后，应结合建设项目的特点编制审核计划，并初步了解施工合同、施工单位和施工现场等情况。

⑧设计实质性测试。确定是详细审核还是抽样审核，若抽样怎么个抽样法等。对工程造价审核，一般情况下应采用详细审核，因为不进行详细审核就不可能全面细致地确定合理的工程造价，对一栋宿舍楼进行审核，你不可能只审核部分项目而不审核其他项目，这样很容易出问题。但有时对于特殊项目，也可以实行抽样审核，实行抽样审核的项目一般应满足如下条件：

第一，施工单位内部控制制度量好且信誉较高，无不良记录。

第二，工程预算已经建设单位内审人员审核，工程造价复核无误，或已按建设单位的建议予以调整。

第三，工程造价比较低，且大部分项目施工内容一样，例如，某宿舍楼防水工程全部要更换。甲、乙双方已签好合同，确定平方造价（价格已定死），我们仅审核工程量，工程已经建设单位有关负责人现场测量，双方都做了记录，这样施工项目单一且造价低，建设单位已经把关，审核人员就可以从这几十座宿舍楼随机抽样，选几座进行抽审，依据抽查的结果推论整体的金额。

⑨实施实质性测试，取得审核证据，编制审核工作底稿。

第一，审核人员根据委托人提供的审核材料，在规定的时间内实施审核，并将审核情况和结果在审核工作底稿中详细记录。

第二，这里所述取的审核证据，不单单包括甲、乙双方提供的图纸、资料，还包括审核过程中三方形成的记录、计量公式、达成的协议（必须用钢笔书写，不能用铅笔或圆珠笔）。

第三，这个阶段是最重要的阶段，在这个阶段中，应把握审核重点，关于审核重点后面专门重点叙述。

⑩进行联合会审，提请施工单位调整工程预算或工程结算。审核人员在初审结束后，应和委托人、施工单位三方联合会审，一一核对，各方都可以提出对工程预算或工程结算的调整意见，经三方认可后予以调整，该增的增，该减的减，一切按规定办事，使建设单

位满意，施工单位信服，最后由施工单位出一套完整地反映工程造价情况的调整后结算书。

⑪出具基建工程预（结）算审核报告。

（五）工程结算审核对象（资料）

工程结算审核对象就是与工程结算有关的所有资料及其反映的有关内容。在不同计价方式下，需要提供不同材料。下面以定额计价公式为例说明结算审核需要提供的资料。

1. 一般情况下，在定额计价方式下，需要提供的审核资料如下：

（1）工程项目批准、建设、监理、质量验收等有关文件

（2）有关招投标文件、标底、中标通知书

（3）建筑安装工程施工合同、施工协议书、会议纪要

（4）施工组织设计计划或施工方案

（5）全套建筑竣工图、结构竣工图、设备安装图纸、图纸会审记录

（6）所索引的建筑配件标准图、结构构件标准图

（7）建设单位书面签字认可的设计变更资料

（8）建筑工程结算书（加盖送审、编制单位公章、预算员专用章）

（9）隐蔽工程记录、吊装工程记录、隐蔽工程量计算书等隐蔽工程资料

（10）有关影响工程造价、工期等的书面签证资料

（11）工程量计算书

（12）施工单位自购材料及施工单位代购设备报价明细表（附采购合同、原始发票及运杂费单据，并有建设单位认可签字）

（13）建设单位供料明细表及转账处理原则说明（经建设单位甲施工单位书面签字认可）

（14）人工费单价的认可资料

（15）其他影响工程造价的有关资料

2. 收集审核资料时需要注意的问题

第一，在收集了资料以后必须由委托单位和施工单位核实，资料是否齐备，并检查资料是否真实、有效，是否加盖了公章或经有关人员签字。

第二，提供真实、合法、完整的资料是建设单位的责任，而造价咨询公司的责任则根据建设单位提供的资料进行审核，并对报告的真实性、合法性负责。也就是说委托单位应保证提供的资料的真实、合法、有效，如果资料不真实、不合法，得出错误的结论，其责任应由提供资料的单位负责，与造价咨询公司无关，这是因为造价咨询公司主要针对资料进行审核，而不是破案；如果资料真实、合法，而审核程序出了问题，导致错误的结论，

则由造价咨询公司负责。

（六）工程结算审核的重点（要点）和审核方法

开展工程结算审核，要根据基本建设主管部门颁布的预算定额、工程量计算规则，定额的施工程序和范围、各项间接费用的取费标准，全面审查结算的内容是否合规、合法，在审核时，为了有的放矢和抓住重点，应明确一下审核要点：

1. 首先认真审查工程施工合同

（1）审查合同的合法性，按照合同法的要求予以审查，确认合同的有效性

（2）明确合同对签约双方的约束力

（3）对文字含义不清的条款，约请甲施工单位明确条款含义

（4）对双方争论较大且不能协调的内容，应提请甲、乙双方由仲裁机构仲裁后作为审核的依据

（5）审查合同外的补充条款、契约的真实性、合法性和有效性。这里还要提请大家注意几个问题：

①甲、乙双方最好在合同中约定施工单位的取费等级、系数、人工费单价等特殊事项，免得最后发生争执，造成不必要的争议，现在是卖方市场，在施工前签订合同时明确取费等级，一般施工单位都降一级，若不明确，待竣工后，施工单位就很难让步。

②合同中最好明确拨款进度和依据，别干到一半，施工单位拿的款多，反而占据主动，你不拨款，他不干活。

③对于小型的装饰工程不要因为造价低、工期短而忽略施工合同的签订，这也极易使甲乙双方权利、义务不明确而发生纠纷，使双方利益得不到合理合法的保护。

2. 审查施工单位是否虚报施工项目

有些施工单位把没有施工的项目列入工程结算，特别是多家队伍交叉施工时，各家都抢着把不是自己干的揽至自己头上。这里要看现场施工签证并了解是否存在同一施工项目出现在多家施工单位提报的结算中的情况。

3. 审查工程量

工程量是编制工程结算最基本的内容，多计重计工程量就会导致整个工程造价不实，很多基建工程高估冒算，多结工程款，虚报工程量是其常用手段之一，尤其是那些工程数量大、单价高，对工程造价有较大影响的项目。因此，工程量审核是核定工程价款结算款项内容与建设项目实际完成工程是否相符，是否存在多报、虚报的首要问题。对于是否多计重计工程量的审核主要有以下几种方法：

第一，熟悉了解工程量计算规则，使每一种规则烂熟于胸，这样计算工程量时不会因规则使用不当而算错工程量。

第二，审核前一定要拿到加盖了竣工图章的竣工图纸，并以竣工图纸为准进行审核，若没有竣工图纸，也可以施工图纸加变更签证方式来审核，此时应注意对于变更项目施工单位是否只提供了使工程量增加的签证，而未提供减少工程量的签证，这时要与建设单位核对变更签证是否齐全；同时要核对变更签证是否真实、合法、有效。

4. 审核定额套用是否合理合法

在工程结算审核中，定额的套用也很关键，在工程量一定的情况下，定额的套用，会直接影响工程造价。

第一，利用新旧定额交替时期项目内容变化，旧定额高就套旧定额，新定额高就套新定额。对这类审核要求审核人员必须掌握新定额的生效时间、适用范围及工程的形象进度，正确计算各期完工的工程量，套用相应的定额，避免高估冒算。

第二，同类定额，套高不套低。结算定额单价套用应与工程设计和施工内容和要求一致，而很多施工单位编制工程结算，在套取定额基价时，不是按设计要求和施工做法套取而是人为高套。对此类问题审核时应把握以下几点：

①审核人员应精通各种定额的名称、含义及其包含的施工程序和工程结构，了解定额中包含的工作内容，计算规则并与实际情况相对照。

②注意定额在各种不同情况下的使用换算问题。

③注意定额说明中的注意事项。

④审核时应该注意不允许换算的基价是否换算，同时也要注意允许换算基价的项目换算是否正确。

第三，定额内容重复套计。在实际工作中经常查出内容重复套计的问题，所以要熟悉定额项目中包括的工作内容，例如，山东省建筑工程综合定额——装饰定额中第四章例：墙抹灰面刷乳胶漆项目，定额中包含了刮腻子项目，而施工单位在套取了刷乳胶漆后又套取刮腻子子目，重复套计。

第四，审查补充定额。审查补充定额就是审查补充定额单位估价费的编制依据和编制原则。审查人工、材料、机械费消耗量的取定是否合理，审查人工、材料、机械预算单位是否与现行预算定额单位估价表中人工、机械、材料预算价相符，不得直接以市场价格进入补充定额的单位估价表，而应以预算价格进入，市场与预算价的差额，在税前进行调整。

5. 材料用量及议价差的审核

在建筑工程中材料费约占工程造价的 70% ~ 80%，由于当前市场经济体制还不完善，法制也不太健全，加之材料采购的时间、地点、渠道不尽相同，虚报材料价格，人为多计材料费用便有机可乘。这里大家注意两个公式：

材料用量 = 工程量 × 材料损耗系数

材料议价差额 =（材料市场价 – 各市地预算价）× 材料用量

下面结合两个公式说明审核重点和方法：

（1）审查应计差价的材料范围

严格分清定额或有关文件中允许计取和不允许计取材料价差的材料的范围，严防施工单位利用一定“活口”，鱼目混珠，扩大或缩小计取材料价差的范围，多计材料费用。存在的问题是施工单位对于市场价大于预算价，应计正差的材料就扩大计取范围；而对于市场价小于预算价，应计负差的材料就缩小计取范围，甚至不计取，即计增变计减，使应退还建设单位的材料款未予退回，对于这种情况审核人员应了解有关规定，防止施工单位高估冒算。

（2）审查材料市场价的确定是否符合规定的程序，市场价是否合理

①定额中规定允许计取的材料差价应以市价为准，市价的确定应以材料发票为准。现阶段中国发票管理混乱，施工单位采取拿回扣和假发票的手段高报材料价格；另一种情况是同一施工单位同时承建多个工程，建筑材料交叉使用，调换使用频繁，施工单位以次充优、以劣充好，人为抬高材料价格。因此，应在施工前将工程用材清单拟出，由建设单位组织人员，货比三家后定货付款，施工单位仅负责提货；如果施工单位供应材料，建设单位应跟踪监理，由建设单位参与谈判确定材料原价，材料差价凭当时的购货发票，经建设单位指定代表验证后书面签证作为调价依据。

②对于施工周期较长，而施工期间材料市场价变化较大且建设单位资金缺口大，施工单位只能随工程进度多次采购材料情况，审核人员应向甲、乙双方询问是否统一价格，还是按完工进度找差价，防止施工单位仅提供价格高时发票，而不提供价格低时发票，造成价格一刀切，从而扩大了工程造价，这时在编制结算时，应注意是否套用当期价格，不得跨期高套。

③很多建设单位施工代表不了解确定采购价格是自己的权利或建设单位人员力量不够，放手让施工单位去采购，施工单位也不尊重建设单位的权利，以什么价格购进事先也不与建设单位商量，而在结算时，双方就材料价格达不成一致意见，此时可以采取下面补救办法：

a. 由甲乙双方协商，按当时当地定额站发布的信息价格作为施工单位实际采购价格，进行调差，有的信息价高于市场而有的可能低于市场，最终相抵与市场价差不多。

b. 集体协商研究商定法。对于施工单位提供的发票没有按规定填写，发票不合法情况，可由甲乙双方各派代表一块去市场重新询价；然后根据询价结果，并参考有关资料进行集体研究商定，确保工程造价的客观准确性。

（3）注意了解材料找差时是按成品找差还是按主材找差

对于不同情况应区别对待，例如，铝合金门窗、无框玻璃门差价等，注意成品与主材的区别。

（4）审查公式中预算价的使用是否取自各市地估价表中，预算价是否存在调低的情况

在计算材料的议价差时，一定要注意省预算价与各市地预算价的区别。因为各市地材料买价、运费都不一样，所以各市地可根据本市地的具体情况，编制本市地的估价表和预算价，作为调整市价的基础，这时应防止施工单位擅自降低定额的预算价，以加大价差的单价，从而提高价差。例如，施工单位将省定额与各市地定额预算价相比较，在找补议价差时，哪个低就用哪一个套入公式。

（5）最后审核材料实际用量

定额中主材含量不一定等同于工程量，以装饰定额为例，定额中主材含量 = 定额工程量 × 材料损耗系数，而材料损耗系数有的大于 1，有的小于 1，而施工单位对于市场价大于预算价，找正差的材料，乘以损耗系数，甚至加大损耗系数，而对于市场价小于预算价应找负差的材料，不乘损耗系数甚至降低损耗系数，扩大或缩小应计材料价差的数量，达到抬高造价的目的。在找议价差时逐一计算材料用量，工作量比较大，有的人不仔细审查，给施工单位以可乘之机，对于此类问题审核人员应不怕麻烦，逐一列表，计算出实际用量，在利用软件和计算机分析时，会更加准确和简便。

6. 间接费及取费标准的审核

由于间接费、利润、税金等各项费用是按工程的专业（土建、安装、装饰、市政、人防、园林仿古等）和工程类别（即施工的难易程度分一、二、三、四等）、施工单位取费资质分别规定了不同的取费程序、取费基数、取费标准，稍一忽略就会因费率不同而得出不同的工程造价，因此对各种取费的审核不可忽视。

第一，审查取费标准是否与所用定额相匹配。在编制决算时，主体工程选用某专业定额，则取费标准必须选用与该专业配套使用的取费标准。

第二，审查施工合同中规定的竣工日期与竣工日期是否一致，并注意合同中对此是否有相关的规定，对最后总造价是否有影响。在施工单位不能按时竣工时，要注意不能竣工的原因及处理的原则：

①因不可抗力自然灾害等因素停工的，经建设单位批准，可按实际停工和处理的天数顺延工期；

②属于建设单位不按合同规定日期提供施工条件或建设单位其他原因造成的拖延，工期可以顺延，且由建设单位承担经济责任；

③停工责任在施工单位，施工单位承担发生的费用，工期不予以顺延。

第三，计费基数的审查。按现在的规定，工程取费基数一般有两种：一是以人工费为基数取费，二是以定额直接费直接取费，有的利用省合价，有的则用市合价，不同专业定额规定各不相同，审核时要严格区分，防止施工单位混淆取费基数，低级高套，扩大取费基数，虚增工程项目。

第四，审查工程类别。有些定额对间接费用的计取采取按工程本身的类别来计取。不同专业工程，工程类别划分标准也不一样，对此类费用审核时，应首先审查工程规模（规模、跨度、面积、层数等）及工程类别划分标准表，确定工程类别；然后审查是否按确定的工程类别计取费用，防止施工单位提高工程类别，扩大取费费率，从中渔利。

第五，税金的审查，审查税金的取费时应注意取费标准有的以工程所在地为准，有的以施工单位所在地为依据来确定，而且不同的地点、不同的区域的费率不同。

第六，审查施工单位有无自立名目、自行定价另行取费等问题，并且审查政策性调整取费费率是否符合有关文件规定，有无不按执行日期，任意调整，从而扩大取费费率的情况。

第七，对于按项分包工程，要注意是建设单位分包还是施工单位分包，不同委托方式对工程造价有不同影响，例如，铝合金工程一般由厂方制作、安装，但由建设单位还是施工单位委托却有很大的差别。如由建设单位委托，对铝合金工程部分，施工单位仅计取一定比例的配套费，而由施工单位委托，则铝合金工程部分进定额直接费并参加综合取费。

7. 施工过程中经济签证资料的审核

工程施工过程中所涉及的经济签证，一般是指发生在施工图纸以外的设计变更或对工程造价有调节作用，又必须经过设计、建设、施工或监理单位的签证认可的一种有经济价值的证明性材料文件，它包括：工程量签证、材料价格签证、费用签证及零星用工签证等。经济签证是正确确定工程造价，合理评价投资效益，科学核定经济技术指标的一种有力补充，但通过几年来的审核，我们发现经济签证成为一些施工单位或个人获取暴利、侵吞国家财产、逃避监督的一种途径，并且在施工过程中很多问题都出现在签证上，这里单独列出来阐述足以可见审核中经济签证的重要性。

第一，在实际中经济签证存在的问题主要有以下几方面：

①隐蔽工程签证的盲目性。基建工程中隐蔽工程部位较多，特别是在一些结构和地质

比较复杂的情况下，甲乙双方串通起来，共同签字或建设单位未实地查看就认可，给工程审核带来了难度。例如，科学院院内碎厚度比设计上厚了不少，甲乙双方虽然签字，但通过钻孔检查审减了十几万元。再一个就是装饰中，墙面墙裙内侧刷不刷防火涂料。工程量签证中存在另一个问题是，施工单位计增次计减，虚增工程造价。

②材料价格签证的随意性。甲、乙双方串通起来共同提高材料单价，或建设单位不调查市场就随意签字。这一部分事后很难调查，审查难度非常大，一般情况下感觉有点高，也找不到合理的审减理由，除非高得太多（因为材料价格的不断波动性及材料质地等级难以确定性）。

③“标外”及零星工程签证的漏洞性。可通过现场测量解决。

④费用及零星用工的签证的矛盾性，对费用及零星工签证数额较大时，应考虑实际发生的可能性及合理性。

第二，在审核时还应注意经济签证是否齐全，是否存在只提供计增的签证而不提供计减的签证的可能性。

第三，注意经济签证的手续是否齐备，对于手续不齐备的经济签证，不予认可，在甲、乙双方补齐手续后，方可进入结算。

对于施工签证一定要建设单位或其指定代表在签证上表达意见，意见要写明原因、责任、计算原则等事项，以防事实不清、理解发生歧义，导致纠纷。

例如，对变更设计资料时应注意是否有经甲、乙双方实地勘测的记录和经甲、乙双方同意的有关设计变更文件，洽商记录、施工签证、有关会议纪要，即是否经原设计部门签证认可。

同时提醒建设单位施工人员一定要加强现场施工管理，严格把好现场签证关，对于隐蔽工程，建设单位一定要现场监督，实地察看后再签字，施工人员不能怕苦怕累，而只听施工单位单方之词而签证认可。

第四，审核人员在审核时应持怀疑的态度，但也不能否定一切、打倒一切，要充分相信建设单位的签证人员，除非特殊的情况，一般情况下应尊重建设单位意见，因为审核人员只根据资料审核，资料的真实性、合法性由建设单位负责，审核人员乱怀疑一切，越俎代庖，会为审核人员带来不必要的麻烦，也影响审核质量的提高。

8. 审核过程中须注意的其他问题

第一，计算建筑工程量时，小数点留位的问题不容忽视。定额中不同子目其工程量单位不一样，有时施工单位就混淆10米与100米，10平方米与100平方米，使工程量相差10倍，有时人为地把小数点错，使工程造价相差10倍甚至千倍。

第二，在确定工程量套用定额后，要注意计算的机械准确性。在基本数字确定后，施工单位故意在横乘竖加上犯一些低级错误，一旦查出来就改，查不出来就赚，审核时应内部交叉复核，以保证结算的机械准确性。

（七）审查方法

第一，坚持结算书图纸审核与实地勘查相结合的原则。根据工程图纸，变更签证资料，深入建筑工地和现场，实地查看，并进行现场测量，把审查的“触角”及时延伸到工程建设的每一个环节，严格监督，增强工程结算审核的广度、深度和力度。

第二，双重审核制度的原则。先进行初审，完毕后，由造价咨询公司另一个人进行复审，事先不指定由谁复审。

第三，坚持事实求是的原则。

第三节 工程量清单计价方式下的造价审核

在工程量清单方式下，应该和西方一样，采用全过程的跟踪审核，对工程造价采取全过程、全方位的控制，具体的控制原理和方法前面已经进行了详细介绍，这里不再重复。下面主要介绍一下工程量清单方式下结算审核的内容和我国目前跟踪审核的现状。

一、工程量清单计价方式下的全过程跟踪审核

中国成立专业的工程造价咨询机构已经有十几年的历史，这些专业咨询机构成立后，通过工程结算审核等专业咨询方式在为业主节约投资，提高项目投资效益方面发挥了不可替代的作用，但这种事后的结算审核也存在固有的局限性和不足。由于这种结算审核在竣工后进行，工程项目已经既成事实，无法更改，审核人员只能根据竣工的工程项目的实际情况和工程施工过程中产生的书面签证记录来审核，即使某些地方不合理，也无法通过合理化建议来为业主节约成本，事后的结算审核发挥的作用受到了限制，尤其是随着工程量清单报价方式的推广，事后的结算审核发挥的作用更是越来越小。

近几年来，随着中国工程造价体制改革的深入，业主控制成本意识的提高以及国外一些先进的管理方法和管理理念的引进，业主不再仅仅满足于工程竣工后的结算审核，工程项目成本控制的重心也逐步由事后的静态控制向事中、事前的动态的控制转移，全方位、全过程地控制成本的观念越来越深入人心，而业主由于人员、能力等多方面原因，本身无

法进行全过程的动态的成本控制，在这种情况下，专业的造价咨询机构推出的工程项目跟踪审核受到了业主的普遍欢迎。

所谓跟踪审核就是工程造价咨询单位作为专业的工程造价咨询机构，受雇于业主，对工程造价从项目决策开始到项目竣工结算及项目后评价阶段进行的全过程的动态的跟踪过程，造价咨询单位通过提供合理化建议、造价专业咨询、方案设计、可行性研究、数据审核等方法，控制工程项目建设及运营成本，节约资金，提高投资效益。

应该说，跟踪审核的出发点是非常好的，也确实受到了业主的欢迎，但是需要注意的是，由于中国跟踪审核起步较晚，跟踪审核的经验积累和理论研究都远远不够，跟踪审核在实务操作中也存在诸多不尽如人意的地方，要想走向成熟，中国的跟踪审核仍然有很长的路要走。

二、工程量清单计价方式下的结算审核

（一）与定额结算方式需要区别的问题

第一，在清单方式下，对图纸的要求更严格，需要提前出具详细的施工图纸。

第二，要求不但关注投标中施工单位的总价，更要关注各单项报价中是否存在不平衡报价。

第三，最好配合跟踪审核，让中介机构提供专业服务，以便及时、合理地处理双方的索赔事宜。

第四，施工过程中不可避免发生的索赔事宜，要以合同为依据进行处理，双方签订的合同内容必须明确，建设单位要对合同进行合理审核，维护建设单位的合法权益。

第五，在清单方式下，建设单位要主动加强内部控制和管理，尽量减少工程索赔的发生，以降低投资，减少工期。

第六，对施工过程中的变更事宜保持必要的关注，及时、合理地对施工单位进行反索赔，维护建设的权益。

第七，工程量清单方式下的工程量计算和传统的定额方式下工程量计算有很大区别：

1. 招标方算量，投标方审核；

2. 招标方为编制工程量清单算量，投标方为组价内容算量；

3. 招标方按图示尺寸计算，投标方按施工方案实际发生量计算；

4. 招标方的工程量清单中要包括项目编码、数量和单位。

（二）清单结算方式下结算审核需注意的问题

1. 严格执行国家颁布的工程量清单计价规范，按照规范要求编制清单。

2. 在编制清单前应该具备完备的施工图纸。中国目前往往存在施工图纸设计不细、深度不够的问题，在这种情况下，采用清单方式，结合最低价中标，是没有意义的。

3. 工程量清单方式下选择施工队伍时，最好进行公开招标。

4. 招标前，应该委托具备资格的工程造价咨询公司编制工程量清单。要求各施工单位在同一工程量、同一质量要求、同一工期要求、同一用料要求下进行报价，便于对比衡量。现实的情况是工程量由施工单位自己计算，自己报价，导致最终的报价缺乏可比性。而且，施工单位提报的工程量存在问题，施工单位会在图纸没有任何变更的情况下进行索赔，此时，可以约定本合同价款包含完成图纸要求的全部项目，在图纸没有变更的情况下，合同价款不得变化。

5. 对于建设单位管理人员力量不能够满足管理需求时，最好聘请中介机构进行跟踪审核，以便提供及时的咨询服务。包括专业咨询，对施工过程中变更的项目价格提供作价参考，为项目变更从经济角度进行分析，并对施工单位提出的索赔要求按照国家规定的时限要求及时地进行处理。

6. 跟踪审核下，对建设单位和监理的要求进一步提高，建设单位和监理要及时处理施工单位提出的要求和建议，及时处理施工单位索赔事宜，并及时向施工单位提出反索赔。

7. 对施工单位提供的材料进行验收，保证材料的质量、规格、型号、产地、等级等符合清单中的约定。现实的情况是招标文件和合同约定不清，最好在招标文件中就约定材料的质量、规格、型号、产地、等级，并在合同中规定，施工单位变更主材时，须征得建设单位的书面认可，并事先取得建设单位对价格的批准。

8. 对施工进行过程验收。竣工验收最好聘请专业验收机构验收，验收要全面、细致，对不合格的地方待整改完毕再验收付款。

9. 清单方式下，合同、招标文件、清单成为结算和处理双方纠纷的主要依据，对以上文件的制定、签订要非常慎重。

10. 在处理索赔和反索赔时，一定注意国家明确的时限要求，在时限内处理问题。

11. 施工合同中特别明确变更项目的结算方式和原则，合理维护自身的权益。

12. 在工程量清单方式下，施工单位需要有企业定额，以便完成报价。所谓企业定额（企业的真实成本：企业定额是清单计价环境下的企业竞争要求，是施工单位综合水平的表现，代表着企业的核心竞争力）不是一个固定的结果，它是通过工程造价全过程管理中各种历史因素的不断循环积累、分析的动态结果。所以，真正的工程造价全过程管理的意义在于：

不断循环，形成积累资料，并作用于下一个工程，从而提升面对每一个工程的竞争能力。

13. 在多个项目同时招标的情况下，建设单位为了节约资金、时间，可以对其中 1 ~ 2 个项目进行单价招标（例如平方米造价），然后按此单价分包所有项目。

三、清单结算方式下审核的重点

一般而言，清单方式是不需要进行结算审核的，但是，由于中国在定额结算方式下的习惯做法及惯性思维，建设单位内部控制的缺位、薄弱和事前、事中工作的不足，以及目前单价包死的不规范现状，在目前情况下，对单价包死方式进行结算审核仍然具有一定的价值（当然，随着清单方式的普及、规范，基于特殊时代产生的定额方式下的结算审核必将消亡）。在目前不规范的清单结算方式下，审核的重点如下：

（一）合同的审核

第一，是否为综合单价包死，单价中是仅为成本价还是包含了全部的成本、利润、税金等；

第二，合同中是否详细约定每一个项目的具体特征（包括是否约定所用材料名称、规格型号、厂家、单价等，以及需要说明的事项）；

第三，对于工程变更是否约定结算原则及变更项目结算处理原则；

第四，非规范清单方式下是否约定施工做法、施工内容和工程量计算规则；

第五，以上项目都是单价包死方式下必须约定的内容，若以上内容约定不清，应由甲乙双方进行明确。

（二）结算的审核

第一，施工单位供应材料是否由建设单位专门对规格型号、厂家、配件、质量等进行验收（查阅有无验收资料）；

第二，实际工程项目有无变更（让建设单位提供变更签证并进行现场观察）；

第三，实际工程量是否按合同施工，数量是否和合同约定一致（让建设单位提供签证并进行现场测量）；

第四，实际施工做法是否和合同约定一致（让建设单位提供签证并进行现场观察）；

第五，实际施工用主材和设备是否和合同约定一致（让建设单位提供签证并进行现场观察）；

第六，对于工程变更是否经建设单位认可并书面签证；

第七，若清单编制不规范，施工单位的工程量清单是自己计算并提供的，出现问题应该由自己承担责任，而且在这种情况下，施工单位往往是因为总价最低才中标，可以理解为合同价为总价包死，总价为完成图纸全部项目的总价，图纸不变，总价不得变更。

第四章 计算机在建筑工程造价中的应用

第一节 应用计算机编制概预算的特点

建筑工程概预算的编制工作，其特点是需要处理大量规律性不强的数据，定额子目众多，工程量计算规则繁杂，计算工程单调重复，是一项相当烦琐的计算工作。用传统的手工编制概预算的方法不仅速度慢、功效低、周期长，而且容易出差错。应用计算机编制概预算，与传统的手工编制相比，具有精确度高、编制速度快、编制规范化以及工作效率高的特点。

概预算类软件按开发方式大致分为以下三类：一类由个人开发，单兵作战，开发出的软件水平较低、稳定性及易用性差，而且由于是个人开发，软件一般都无法升级，用户发现问题后，没办法解决，只有放弃该软件；另一类由建筑单位自行或合作开发，软件水平及稳定性较上一类软件有较大的提高，但由于该类软件针对性强，拿到与本单位情况稍有不同的地方，就无法继续使用；最后一类是由专业软件公司在建筑界专家的协助下开发，开发出的产品水平高、稳定性好，并且充分考虑了预算人员的要求，量身定制，用户容易上手。产品在使用中发现问题后，可随时向软件公司提出修改要求，定时升级，得到完善的售后服务。

建筑工程量的计算是一项工作量大而繁重的工作，工程量计算的算量工具也随着信息化技术的发展，经历算盘、计算器、计算机表格、计算机建模几个阶段。现在普遍采用的就是通过建筑模型进行工程量的计算。

建模算量是将建筑平、立、剖面图结合，建立建筑的空间模型，模型的建立则可以准确地表达各类构件之间的空间位置关系。土建算量软件则按计算规则计算各类构件的工程量，构件之间的扣减关系则根据模型由程序进行处理，从而准确计算出各类构件的工程量。为方便工程量的调用，将工程量以代码的方式提供，套用清单与定额时可以直接套用。

使用土建算量软件进行工程量计算，已经从手工计算的大量书写与计算转化为建立建筑模型。无论用手工算量还是软件算量，都有一个基本的要求，那就是知道算什么，如何算？知道算什么，是做好算量工作的第一步，也就是业务关，手工算、软件算只是采用了不同的手段而已。

软件算量的重点：一是如何快速地按照图纸的要求，建立建筑模型；二是将算出来的工程量与工程量清单与定额进行关联；三是掌握特殊构件的处理及灵活应用。

第二节 BIM 土建算量软件的操作

BIM 土建算量软件操作流程与手工算量流程相类似：分析图纸—要算什么量—列计算公式—同类型项整理—套用子目，如图 4-1 所示。

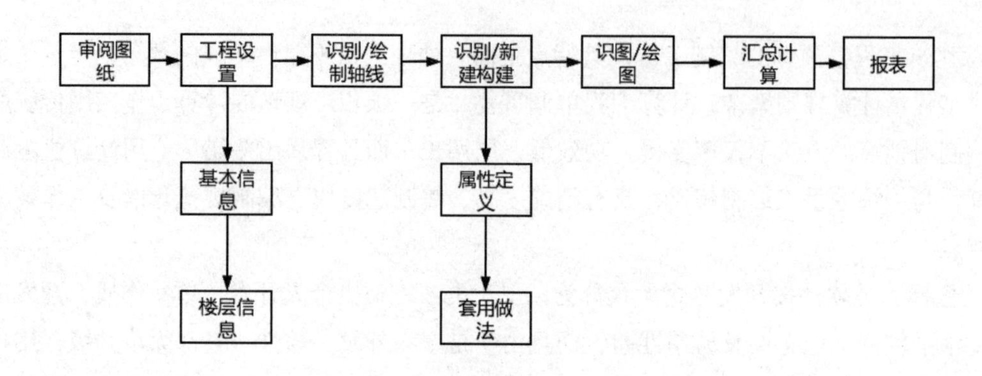

图 4-1 BIM 土建算量软件操作流程

一、新建工程

启动软件，进入如下界面“欢迎使用 GCL2013”，如图 4-2 所示。

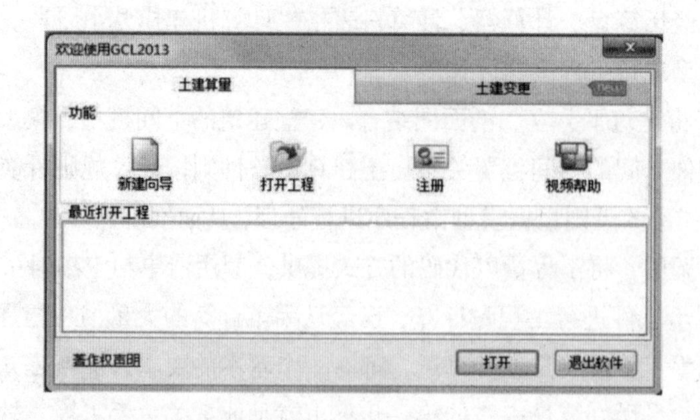

图 4-2 操作界面

鼠标左键点击欢迎界面上的“新建向导”，进入新建工程界面，如图 4-3 所示。

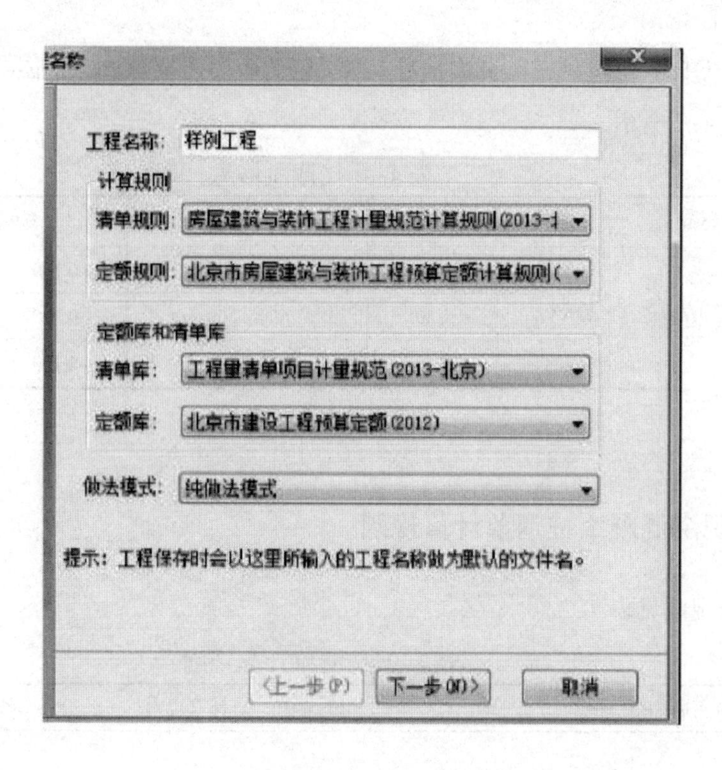

图 4-3 新建向导

①工程名称：按工程图纸名称输入，保存时会作为默认的文件名。本工程名称输入为“样例工程”。

②计算规则：定额和清单库按图选择即可。

③做法模式：选择纯做法模式。

二、建立轴网

楼层建立完毕后，切换到“绘图输入”界面。首先，建立轴网。施工时是用放线来定位建筑物的位置，使用软件做工程时是用轴网来定位构件的位置。

三、柱的工程量计算

（一）分析图纸

1. 在框架剪力墙结构中，暗柱的工程量并入墙体计算，图纸中暗柱有两种形式：一种和墙体一样厚，如 GJZ1 的形式，作为剪力墙处理；另一种为端柱如 GDZ1，是突出剪力墙的，在软件中类似 GDZ1 这样的端柱可以定义为异形柱，在做法套用的时候套用混凝土墙体的清单和定额子目。

2. 图纸中的柱表中得到柱的截面信息，本层包括矩形框架柱、圆形框架柱及异形端柱，主要信息如表 4–1 所示。

表 4–1 柱截面信息

序号	类型	名称	砕标号	截面尺寸	标高	备注
1	矩形框架柱	KZ1	C30	600 × 600	–0.100 ~ +3.800	
		KZ6	C30	600 × 600	–0.100 ~ +3.800	
		KZ7	C30	600 × 600	–0.100 ~ +3.800	

（二）现浇混凝土柱清单计算规则

清单计算规则见表 4–2。

表 4–2 柱清单计算规则

编号	项目名称	单位	计算规则
010502001	矩形柱	m3	按设计图示尺寸以体积计算。柱高： 1. 有梁板的柱高，应按自柱基上表面（或楼板上表面）至上一层楼板上表面之间的高度计算； 2. 无梁板的柱高，应按自柱基上表面（或楼板上表面）至柱帽下表面之间的高度计算； 3. 框架柱的柱高，应按自柱基上表面至柱顶高度计算； 4. 构造柱按全高计算，嵌接墙体部分（马牙槎）并入柱身体积； 5. 依附柱上的牛腿和升板的柱帽，按并入柱身的体积计算
011702002	矩形柱	m2	按模板与现浇混凝土构件的接触面积计算

（三）柱的属性定义

矩形框架柱 KZ–1：

1. 在模块导航栏中点击“柱”，使其前面的“+”展开，点击“柱”，点击“定义”按钮，进入柱的定义界面，点击构件列表中的“新建”，选择“新建矩形柱”。

2. 框架柱的属性定义。如图 4–4 所示。

属性名称	属性值	附加
名称	KZ-1 -0.1	
类别	框架柱	☐
材质	预拌混凝	☐
砼类型	预拌砼	☐
砼标号	(C30)	☐
截面宽度(	600	☐
截面高度(	600	☐
截面面积(m	0.36	☐
截面周长(m	2.4	☐
顶标高(m)	层顶标高	☐
底标高(m)	层底标高	☐
模板类型	复合模板	☐
是否为人防	否	☐
备注		☐
⊞ 计算属性		
⊞ 显示样式		

图 4-4 柱属性定义

（四）做法套用

柱构件定义好后，需要进行套做法操作。套用做法是指构件按照计算规则计算汇总出做法工程量，方便进行同类项汇总，同时与计价软件数据接口。构件套做法，可以通过手动添加清单定额，查询清单定额库添加，查询匹配清单定额添加。

（五）柱的绘制方法

柱定义完毕后，点击“绘图”按钮，切换到绘图界面。

采用“点绘制”的方法，通过构件列表选择要绘制的构件 KZ–1，鼠标捕捉 2 轴与 E 轴的交点，直接点击鼠标左键，就完成了柱 KZ–1 的绘制。

四、剪力墙的工程量计算

（一）分析图纸

分析剪力墙：分析图纸，如表 4–3 所示。

表 4-3 墙截面信息

序号	类型	名称	混凝土标号	墙厚	标高	备注
1	外墙	Q-1	C30	250	-0.1 ~ +3.8	

（二）现浇混凝土墙清单计算规则

清单计算规则见表 4-4。

表 4-4 墙清单计算规则

编号	项目名称	单位	计算规则
010504001	直形墙	m^3	按设计图示尺寸以体积计算，扣除门窗洞口及单个面积＞ 0.3 m2 的孔洞所占体积，墙垛及突出墙面部分并入墙体体积计算
011702011	直形墙	m^2	按模板与现浇混凝土构件的接触面积计算

（三）墙的属性定义

新建外墙属性定义如下：

1. 在模块导航栏中点击“墙”使其前面的“+”展开，点击如图 4-5 所示。

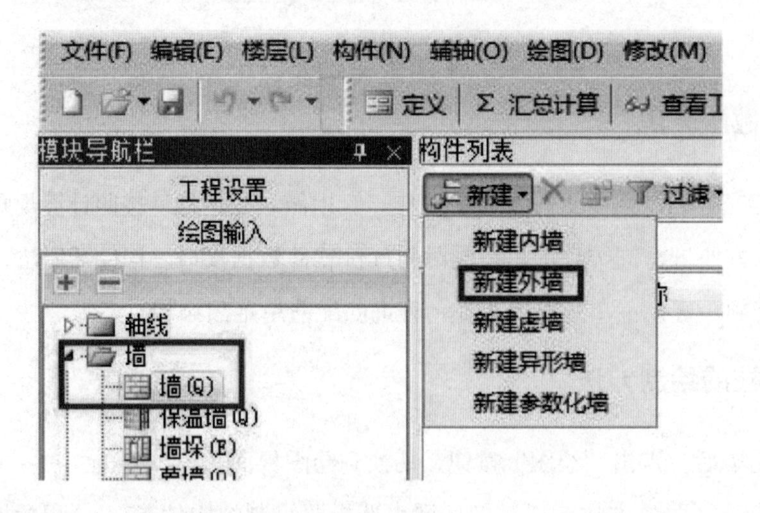

图 4-5 新建墙

2. 在属性编辑框中对图元属性进行编辑。如图 4-6 所示。

属性名称	属性值	附加
名称	Q-1	
类别	混凝土墙	☑
材质	预拌混凝	☐
砼类型	预拌砼	☐
砼标号	(C30)	☐
厚度(mm)	250	☐
轴线距左墙	(125)	☐
内/外墙标	外墙	☑
模板类型	复合模扳	☐
起点顶标高	层顶标高	☐
终点顶标高	层顶标高	☐
起点底标高	层底标高	☐
终点底标高	层底标高	☐
判断短肢剪	程序自动	☐
是否为人防	否	☐
备注		☐
+ 计算属性		
+ 显示样式		

图 4-6 墙属性定义

（四）做法套用

Q-1 的做法套用，如图 4-7 所示。

	编码	类别	项目名称	项目特征	单位	工程量表	表达式说明	措施项目	专业
1	010504001	项	直形墙	1. 混凝土强度等级：C30	m3	JLQTJQD	JLQTJQD<剪力墙体积(清单)>	☐	建筑工程
2	5-18	定	现浇混凝土 直形墙		m3	TJ	TJ<体积>	☐	建筑
3	011702011	项	直形墙		m2	JLQMBMJQD	JLQMBMJQD<剪力墙模板面积(清单)>	☑	建筑工程
4	17-93	定	直形墙 复合模板		m2	MBMJ	MBMJ<模板面积>	☑	建筑
5	17-109	定	墙支撑高度3.6m以上每增1m		m2	CGMBMJ	CGMBMJ<超高模板面积>	☑	建筑

图 4-7 墙的做法套用

（五）墙的绘制方法

剪力墙定义完毕后，点击“绘图”按钮，切换到绘图界面。

采用“直线绘制”的方法，通过构件列表选择要绘制的构件 Q–1，鼠标左键点击 Q–1 的起点 1 轴与 B 轴的交点，鼠标左键点击 Q–1 的终点 1 轴与 E 轴的交点即可。

五、梁的工程量计算

（一）分析图纸

1. 分析图纸，从左至右、从上至下，本层有框架梁、屋面框架梁、非框架梁、悬梁 4 种。

2. 框架梁 KL1 ～ KL8，屋面框架梁 WKL1 ～ WKL3，非框架梁 L1 ～ L12、悬梁 XL1，主要信息如表 4–5 所示。

表 4–5 梁截面信息

序号	类型	名称	混凝土标号	截面尺寸	顶标高	备注
1	框架梁	KL1	C30	250*500 250*650	层顶标高	变截面
		KL2	C30	250*500 250*650	层顶标高	
		KL3	C30	250*500	层顶标高	
		KL4	C30	250*500 250*650	层顶标高	
		KL5	C30	250*500	层顶标高	
		KL6	C30	250*500	层顶标高	
		KL7	C30	250*600	层顶标高	
		KL8	C30	250*500	层顶标高	

（二）现浇混凝土梁清单计算规则

清单规则见表 4–6。

表 4–6 梁清单计价规则

编号	项目名称	单位	计算规则
010503002	矩形梁	m^3	按设计图示尺寸以体积计算。伸入墙内的梁头、梁垫并入梁体积内。梁长： 1. 梁与柱连接时，梁长算至柱侧面； 2. 主梁与次梁连接时，次梁长算至主梁侧面
011702006	矩形梁	m^2	按模板与现浇混凝土构件的接触面积计算
010505001	有梁板	m^3	按设计图示尺寸以体积计算，有梁板（包括主、次梁与板）按梁、板体积之和计算
011702014	有梁板	m^2	按模板与现浇混凝土构件的接触面积计算

（三）梁的属性定义

新建矩形梁 KL–1，根据 KL–1（9）图纸中的集中标注，在属性编辑器中输入相应的属性值。如图 4–8 所示。

属性名称	属性值	附加
名称	KL-1	
类别1	框架梁	☐
类别2		☐
材质	预拌混凝	☐
砼类型	（预拌砼）	☐
砼标号	（C30）	☐
截面宽度（	250	☐
截面高度（	500	☐
截面面积（m	0.125	☐
截面周长（m	1.5	☐
起点顶标高	层顶标高	☐
终点顶标高	层顶标高	☐
轴线距梁左	（125）	☐
砖胎膜厚度	0	☐
是否计算单	否	☐
图元形状	矩形	☐
模板类型	复合模板	☐
是否为人防	否	☐
备注		☐
+ 计算属性		
+ 显示样式		

图 4–8 梁属性定义

（四）做法套用

梁构件定义好后，需要进行套做法操作。如图 4–9 所示。按设计图示尺寸以体积计算。伸入墙内的梁头、梁垫并入梁体积内。

	编码	类别	项目名称	项目特征	单位	工程量表达式	表达式说明	措施项目	专业
1	010503002	项	矩形梁	1. 混凝土强度等级：C30	m3	TJ	TJ<体积>	☐	建筑工程
2	5-13	定	现浇混凝土 矩形梁		m3	TJ	TJ<体积>	☐	建筑
3	011702006	项	矩形梁		m2	MBMJ	MBMJ<模板面积>	☑	建筑工程
4	17-74	定	矩形梁 复合模板		m2	MBMJ	MBMJ<模板面积>	☑	建筑
5	17-91	定	梁支撑高度3.6m以上每增1m		m2	CGMBMJ	CGMBMJ<超高模板面积>	☑	建筑

图 4–9 梁的做法套用

（五）梁的绘制方法

采用“直线绘制”的方法，在绘图界面，点击直线，点击梁的起点 1 轴与 D 轴的交点，点击梁的终点 4 轴与 D 轴的交点即可。

第三节 计价软件的应用

一、新建单位工程

点击“新建单位工程”，如图 4–10 所示。

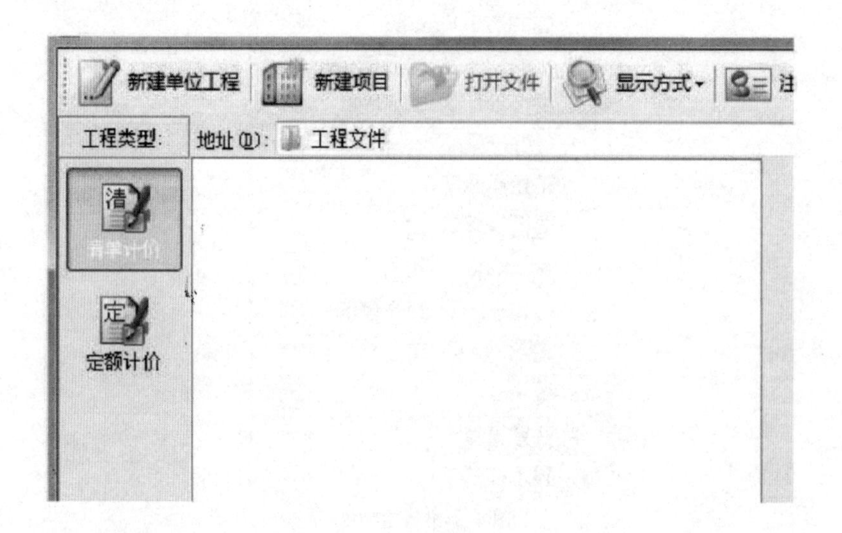

图 4–10 新建单位工程

二、进入新建单位工程

本项目的计价方式选为清单计价。

清单库选择：工程量清单项目计量规范（2013- 北京）。

定额库选择：北京市建设工程预算定额（2012）。项目名称拟定为：“概预算工程”。如图 4–11 所示。

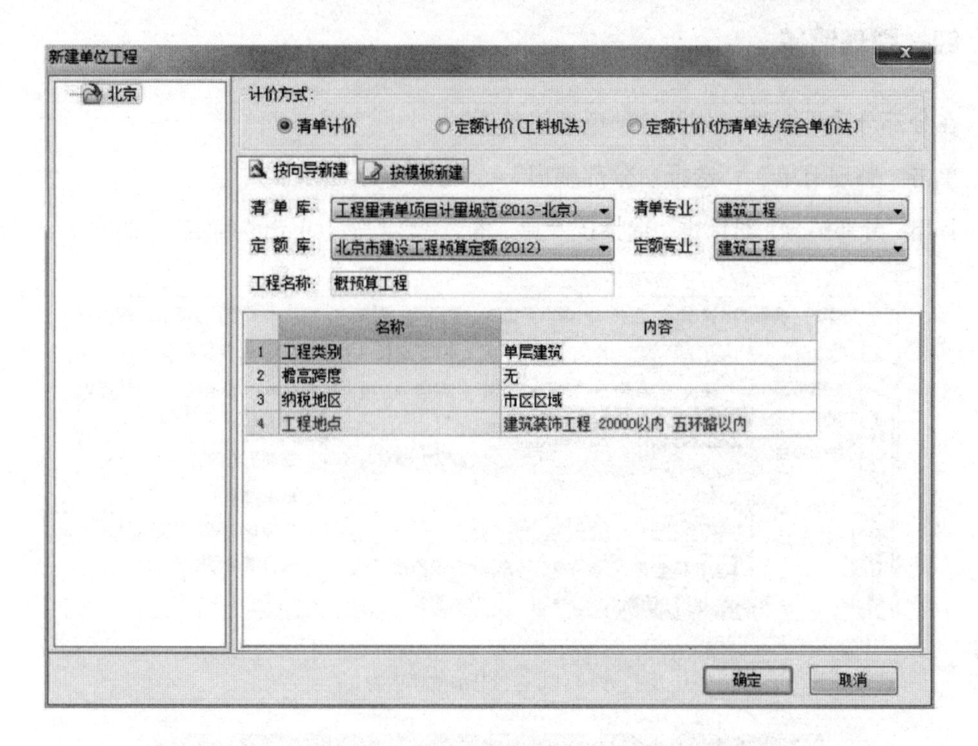

图 4-11 概预算工程

三、导入图形算量文件

进入单位工程界面,点击“导入导出”选择“导入土建算量工程文件”,如图 4-12 所示,选择相应图形算量文件。

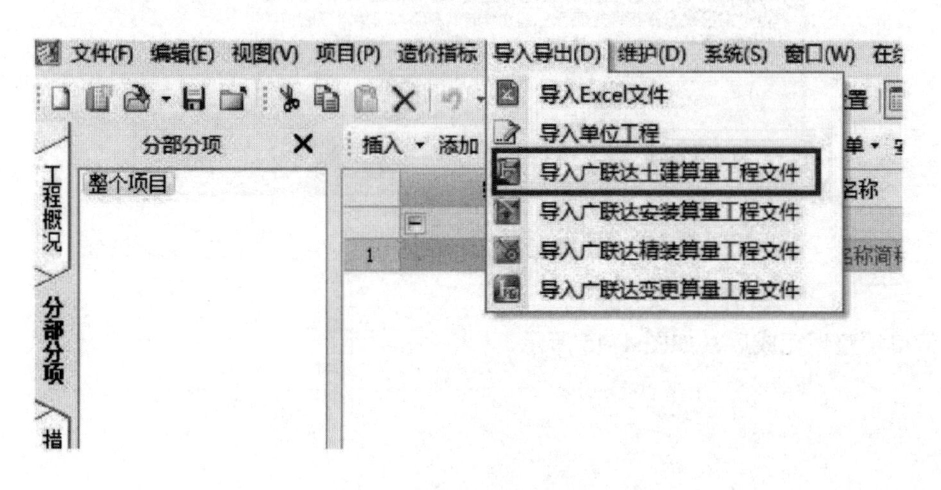

图 4-12 选择导入土建算量文件

四、整理清单

在分部分项界面进行分部分项整理清单项：

单击“整理清单”，选择“分部整理”，如图 4–13 所示。

弹出“分部整理”对话框，选择按专业、章、节整理后，单击“确定”。如图 4–14 所示。

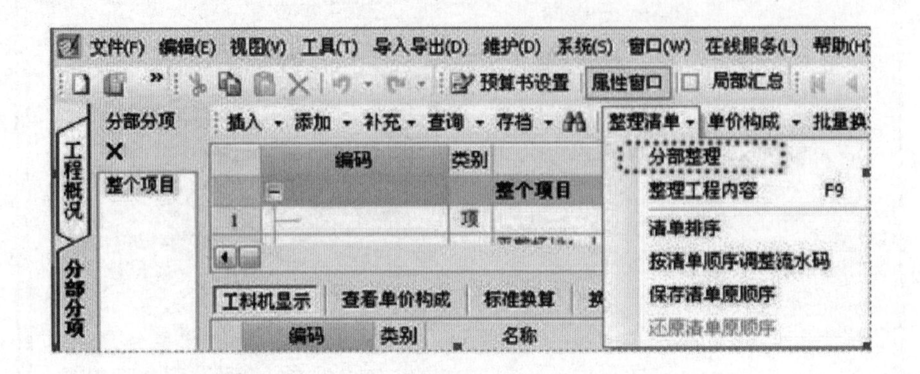

图 4–13 选择分部整理功能

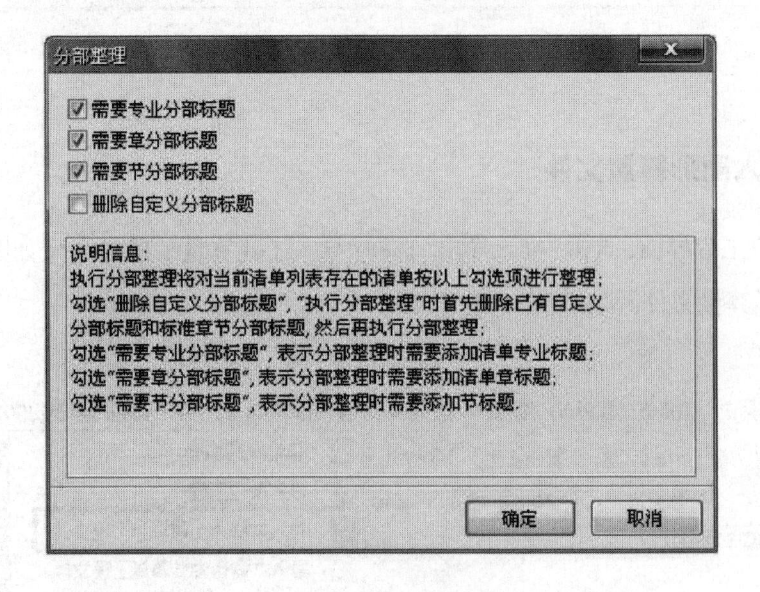

图 4–14 分部整理界面

清单项整理完成后，如图 4–15 所示。

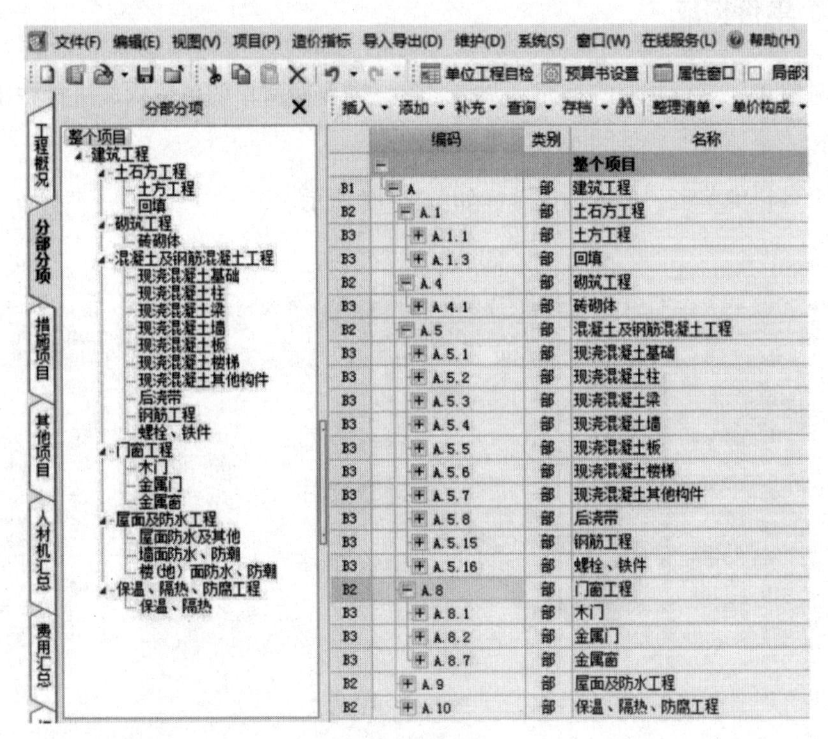

图 4-15 完成分部整理

五、项目特征描述

选择清单项，在“特征及内容”界面可以进行添加或修改来完善项目特征，如图 4-16 所示。

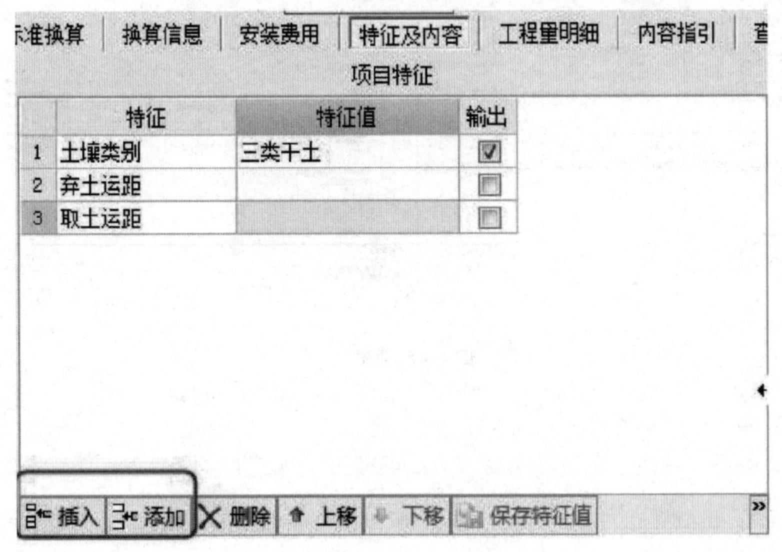

图 4-16 完善项目特征

六、单价构成

在对清单项进行相应的补充、调整之后，需要对清单的单价构成进行费率调整。具体操作如下：

在工具栏中单击“单价构成”，如图 4-17 所示。

插入 · 添加 · 补充 · 查询 · 存档 · 整理清单 · 单价构成 · 批量换算 · 其他 · 展开到 · 重用组价 · 锁定清单

单价构成
按专业匹配单价构成
费率切换

	编码	类别	名称	征	单位	工程量表达式	含量	工程量	单价
			整个项目						
B1	A	部	建筑工程						
B2	A.1	部	土石方工程						
B3	A.1.1	部	土方工程						
1	0101010010	项	平整场地	1.土壤类别:三类干土	m2	1029.6788		1029.68	
	1-2	定	平整场地 机械		m2	1029.6788	1	1029.68	1.21
2	010101002001	项	挖一般土方	1.土壤类别:三类干土 2.挖土深度:5m以内	m3	5687.2803		5687.28	
	1-5	定	打钎拍底		m2	1127.5262	0.1982	1127.53	3.39
	1-8	定	机挖土方 槽深5m以内 运距1km以内		m3	5687.2803	1	5687.28	12.12
3	0101010040	项	挖基坑土方	1.土壤类别:三类干土	m3	31.6506		31.65	
	1-5	定	打钎拍底		m2	19.8625	0.6274	19.86	3.39
	1-21	定	机挖基坑 运距1km以内		m3	31.6506	1	31.65	13.27
B3	A.1.3	部	回填						

图 4-17 单价构成

根据专业选择对应的取费文件下的对应费率，如图 4-18 所示。

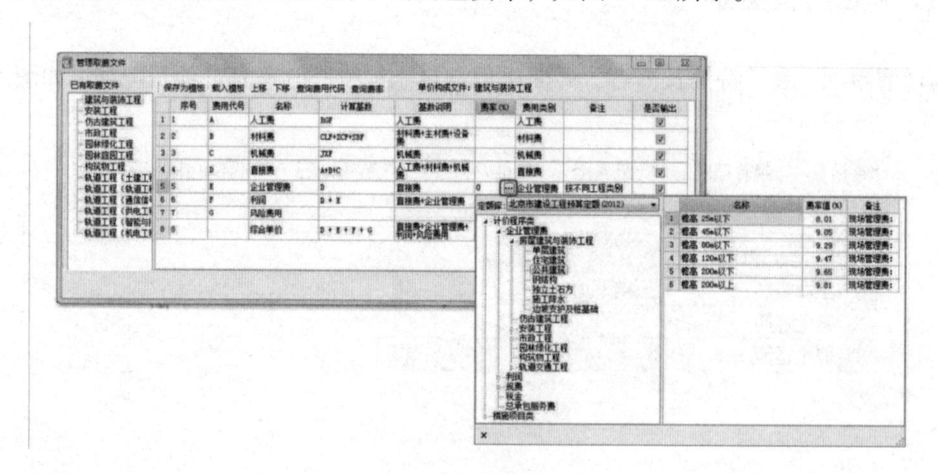

图 4-18 费率

第五章 设计阶段的工程造价管理

第一节 限额设计

限额设计是工程造价控制系统中的一个重要环节，是设计阶段进行技术经济分析，实施工程造价控制的一项重要措施。

一、限额设计的概念、要求及意义

（一）限额设计的概念

限额设计是指按照批准的可行性研究报告及其中的投资估算控制初步设计，按照批准的初步设计概算控制技术设计和施工图设计，按照施工图预算造价对施工图设计的各专业设计进行限额分配设计的过程。限额设计的控制对象是影响建设项目设计的静态投资或基础项目。

限额设计中，要使各专业设计在分配的投资限额内进行设计，并保证各专业满足使用功能的要求，严格控制不合理变更，保证总的投资额不被突破。同时建设项目技术标准不能降低，建设规模也不能削减，即限额设计需要在投资额度不变的情况下，实现使用功能和建设规模的最大化。

（二）限额设计的要求

第一，根据批准的可行性报告及其投资估算的数额来确定限额设计的目标。由总设计师提出，经设计负责人审批下达，其总额度一般按人工费、材料费及施工机具使用费之和的 90% 左右下达，以便各专业设计留有一定的机动调节指标；限额设计指标用完后，必须经过批准才能调整。

第二，采用优化设计，保证限额目标的实现。优化设计是保证投资限额及控制造价的重要手段。优化设计必须根据实际问题的性质，选择不同的优化方法。对于一些确定性的问题，如投资额、资源消耗、时间等有关条件已经确定的，可采用线性规划、非线性规划、动态规划等理论和方法进行优化；对于一些非确定性的问题，可以采用排队论、对策论等方法进行优化；对于涉及流量大、路途最短、费用不多的问题，可以采用图形和网络理论进行优化。

第三，严格按照建设程序办事。

第四，重视设计的多方案优选。

第五，认真控制每一个设计环节及每项专业设计。

第六，建立设计单位的经济责任制度。在分解目标的基础上，科学地确定造价限额，责任落实到人。审查时，既要审技术，又要审造价，把审查作为造价动态控制的一项重要措施。

（三）限额设计的意义

第一，限额设计是按上一阶段批准的投资或造价控制下一阶段的设计，而且在设计中以控制工程量为主要手段，抓住了控制工程造价的核心，从而克服了“三超”问题。

第二，限额设计有利于处理好技术与经济的对立统一关系，提高设计质量。限额设计并不是一味考虑节约投资，也绝不是简单地将设计孤立，而是在“尊重科学、尊重实际、实事求是、精心设计”的原则指导下进行的。限额设计可促使设计单位加强设计与经济的对立统一，克服长期以来重设计、轻经济的思想，树立设计人员的高度责任感。

第三，限额设计能扭转设计概预算本身的失控现象。限额设计可促使设计单位内部使设计和概预算形成有机的整体，克服相互脱节现象，使设计人员增强经济观念，在设计中，各自检查本专业的工程费用，切实做好工程造价控制工作，改变了设计过程不算账，设计完了见分晓的现象，由“画了算”变成“算着画”。

二、限额设计的内容及全过程

（一）限额设计的内容

根据限额设计的概念可知，限额设计的内容主要体现在可行性研究中的投资估算、初步设计和施工图设计三个阶段中。同时，在BIM技术并未全面普及，仍存在大量变更的现状下，还应考虑设计变更的限额设计内容。

第一，投资估算阶段。投资估算阶段是限额设计的关键。对政府投资项目而言，决策阶段的可行性研究报告是政府部门核准投资总额的主要依据，而批准的投资总额则是进行限额设计的重要依据。为此，应在多方案技术经济分析和评价后确定最终方案，提高投资估算的准确度，合理确定设计限额目标。

第二，初步设计阶段。初步设计阶段需要依据最终确定的可行性研究报告及其投资估算，对影响投资的因素按照专业进行分解，并将规定的投资限额下达到各专业设计人员。设计人员应用价值工程的基本原理，通过多方案技术经济比选，创造出价值较高、技术经济性较为合理的初步设计方案，并将设计概算控制在批准的投资估算内。

第三，施工图设计阶段。施工图是设计单位的最终成果文件之一，应按照批准的初步设计方案进行限额设计，施工图预算须控制在批准的设计概算范围内。

第四，设计变更。在初步设计阶段，由于设计外部条件制约及主观认识局限性，往往会造成施工图设计阶段及施工过程中的局部修改和变更，这会导致工程造价发生变化。

设计变更应尽量提前。变更发生得越早，损失越小；反之就越大。如在设计阶段变更，则只是修改图样，其他费用尚未发生，损失有限；如果在采购阶段变更，则不仅要修改图样，而且设备、材料还需要重新采购；如在施工阶段变更，则除上述费用外，已经施工的工程还需要拆除，势必造成重大损失。为此。必须加强设计变更管理，尽可能把设计变更控制在设计阶段初期，对于非发生不可的设计变更，应尽量事前预计，以减少变更对工程造成的损失。尤其对于影响造价权重较大的变更，应采取先计算造价，再进行变更的办法解决，使工程造价得以事前有效控制。

限额设计控制工程造价可以从两方面着手：①按照限额设计的过程从前往后依次进行控制，称为纵向控制；②对设计单位及内部各专业设计人员进行设计考核，进而保证设计质量的控制，称为横向控制。横向控制首先必须明确各设计单位内部对限额设计所负的责任，将项目投资按专业进行分配，并分段考核，下段指标不得突破上段指标，责任落实越明细，效果就越明显。其次要建立健全奖惩制度。设计单位在保证设计功能及安全的前提下，采用“四新”措施节约了造价的，应根据节约的额度大小给予奖励；因设计单位设计错误、漏项或改变标准及规模而导致工程投资超支的，要视其比例扣减设计费。

（二）限额设计的全过程

限额设计的程序是建设工程造价目标的动态反馈和管理过程，可分为目标制定、目标分解、目标推进和成果评价四个阶段。各阶段实施的主要过程如下：

①用投资估算的限额控制各单项或单位工程的设计限额。②根据各单项或单位工程的分配限额进行初步设计。③用初步设计的设计概算（或修正概算）判定设计方案的造价是否符合限额要求，如果发现超过限额。就修正初步设计。④当初步设计符合限额要求后，就进行初步设计决策并确定各单位工程的施工图设计限额。⑤根据各单位工程的施工图预算并判定是否在概算或限额控制内，若不满足就修正限额或修正各专业施工图设计。⑥当施工图预算造价满足限额要求时，施工图设计的经济论证就通过，限额设计的目标就得以

实现，从而可以进行正式的施工图设计及归档。

三、限额设计的不足与完善

（一）限额设计的不足

推行限额设计也有不足的一面，应在实际设计工作中不断加以改正。

当考虑建设工程全寿命周期成本时，按照限额要求设计出的方案可能不一定具有最佳的经济性，此时亦可考虑突破原有限额，重新选择设计方案。

限额设计的本质特征是投资控制的主动性，如果在设计完成后才发现概算或预算超过了限额，再进行变更设计使之满足原限额要求，则会使投资控制处于被动地位，同时，也会降低设计的合理性。

限额设计的另一特征是强调了设计限额的重要性，从而有可能降低项目的功能水平，使以后运营维护成本增加，或者在投资限额内没有达到最佳功能水平。这样就限制了设计人员的创造性，一些新颖别致的设计难以实现。

（二）限额设计的完善

限额设计中的关键是要正确处理好投资限额与项目功能水平之间的对立统一关系。

正确理解限额设计的含义。限额设计的本质特征虽然是投资控制的主动性，但是限额设计也同样包括对建设项目的全寿命费用的充分考虑。

合理确定设计限额。在各设计阶段运用价值工程的原理进行设计，尤其在限额设计目标值确定之前的可行性研究及方案设计时，认真选择工程造价与功能的最佳匹配设计方案。当然，任何限额也不是绝对不变的，当有更好的设计方案时，其限额是可以调整及重新确定的。

合理分解及使用投资限额。设计的投资限额通常是以可行性研究的投资估算为最高限额的，并按直接工程费的 90% 下达分解的，留下 10% 作为调节使用，因此，提高投资估算的科学性也就非常必要。同时，为了克服投资限额的不足，也可以根据项目具体情况适当增加调节使用比例，以保证设计者的创造性及设计方案的实现，也为可能的设计变更提供前提，从而更好地解决限额设计不足的一面。

第二节 设计方案的优化与选择

设计方案的优化与选择，是指通过技术比较、经济分析和效益评价，正确处理技术先进与经济合理之间的关系，力求达到技术先进与经济合理的和谐统一，它是设计过程的重要环节。

设计方案的优化与选择是同一事物的两方面，相互依存而又相互转化，一方面，要在众多优化了的设计方案中选出最佳的设计方案；另一方面，设计方案选择后还须结合项目实际进一步地优化。如果方案不优化即进行选择，则选不出最优的方案，即使选出方案也须进行优化后重新选择；如果选择之后不进一步优化设计方案，则在项目的后续实施阶段会面临更大的问题，还须更耗时耗力地优化。因此，必须将优化与选择结合起来，才能以最小的投入获得最大的产出。

一、设计方案优化与选择的过程

①按照使用功能、技术标准、投资限额的要求，结合建设项目所在地实际情况，探讨和提出可能的设计方案。②从所有可能的设计方案中初步筛选出各方面都较为满意的方案作为比选方案。③根据设计方案的评价目的，明确评价的任务和范围。④确定能反映方案特征并能满足评价目的的指标体系。⑤根据设计方案计算各项指标及对比参数。⑥根据方案评价的目的，将方案的分析评价指标分为基本指标和主要指标，通过评价指标的分析计算，排出方案的优劣次序，并提出推荐方案。⑦综合分析，进行方案选择或提出技术优化建议。⑧对技术优化建议进行组合搭配，确定优化方案。⑨实施优化方案并总结备案。

其中，过程⑤⑦⑧是设计方案优化与选择的过程中最基本和最重要的内容。

二、设计方案优化与选择的要求及方法

（一）优化与选择的要求

对设计方案进行优化与选择，首先要有内容严谨、标准明确的指标体系，其次该指标体系应能充分反映建设项目满足社会需求的程度，以及为取得使用价值所须投入的社会必要劳动和社会必要消耗量，对于建立的指标体系，可按指标的重要程度设置主要指标和辅助指标，并选择主要指标进行分析比较，这样才能反映该过程的准确性和科学性。

一般地，指标体系应包含如下几方面内容：

第一，使用价值指标，即建设项目满足需要程度（功能）的指标。

第二，反映创造使用价值所消耗的社会劳动消耗量的指标。

第三，其他指标。

（二）优化与选择的定量方法

常用的优化与选择的定量方法主要有单指标法、多指标法、多因素评分法及价值工程法等。

第一，单指标法。单指标法是指以单一指标为基础对建设项目设计方案进行选择与优化的方法。单指标法较常用的有综合费用法和全寿命周期费用法。

1. 综合费用法。综合费用包括方案投产后的年度使用费、方案的建设投资以及由于工期提前或延误而产生的收益或亏损等。该方法的基本出发点在于将建设投资和使用费结合起来考虑，同时考虑建设周期对投资效益的影响，以综合费用最小为最佳方案。

综合费用法是一种静态指标评价方法，没有考虑资金的时间价值，只适用于建设周期较短的工程。此外，由于综合费用法只考虑费用，未能反映功能、质量、安全、环保等方面的差异，因而只有在方案的功能、建设标准等条件相同或基本相同时才能采用。

2. 全寿命周期费用法。全寿命周期费用包括建设项目总投资和后期运营的使用成本两部分，即该建设项目在其确定的寿命周期内或在预定的时间内花费的各项费用之和。

全寿命周期费用法考虑了资金的时间价值，是一种动态指标评价方法。由于不同设计方案的寿命周期不同，因此，应用全寿命周期费用法计算费用时，不用净现值法，而用年度等值法，以年度费用最小者为最优方案。

第二，多指标法。多指标法就是采用多个指标，将各个对比方案的相应指标值逐一进行分析比较，按照各种指标数值的高低对其做出评价，主要包括工程造价、工期、主要材料消耗和劳动消耗四类指标。

1. 工程造价指标。它是指反映建设项目一次性投资的综合货币指标，根据分析和评价建设项目所处的时间段，可依据设计概算和施工图预算予以确定。例如，每平方米建筑造价、给水排水工程造价、采暖工程造价、通风工程造价、安装工程造价等。

2. 工期指标。它是指建设工程从开工到竣工所耗费的时间，可用来评价不同方案对工期的影响。

3. 主要材料消耗指标。该指标从实物形态的角度反映主要材料的消耗数量，如钢材消耗量指标、水泥消耗量指标、木材消耗量指标等。

4. 劳动消耗指标。该指标所反映的劳动消耗量，包括现场施工和预制加工厂的劳动消耗。

以上四类指标，可以根据建设项目的具体特点来选择。从建设项目全面工程造价管理的角度考虑，仅利用这四类指标还不能完全满足设计方案的评价，还需要考虑建设项目全寿命周期成本，并考虑质量成本、安全成本以及环保成本等诸多因素。

在采用多指标法对不同设计方案进行优化与选择时，如果某一方案的所有指标都优于其他方案，则为最佳方案；如果各个方案的其他指标都相同，只有一个指标相互之间有差异，则该指标最优的方案就是最佳方案。但实际中很少有这种情况，在大多数情况下，不同方案之间往往是各有所长，有些指标较优，有些指标较差，而且各种指标对方案经济效果的影响也不相同。这时，可考虑采用单指标法或多因素评分法。

第三，多因素评分法。多因素评分法是指多指标法与单指标法相结合的一种方法。对需要进行分析评价的设计方案设定若干个评价指标，按其重要程度分配权重，然后按照评价标准给各指标打分，将各项指标所得分数与其权重采用综合方法整合，得出各设计方案的评价总分，以获总分最高者为最佳方案，计算方法见式（5–1）。多因素评分法综合了定量分析评价与定性分析评价的优点，可靠性高，应用较广泛。

$$W = \sum_{i=1}^{n} q_i W_i \quad (5\text{–}1)$$

式中：W—设计方案总得分；

q_i——第 i 个指标权重；

W_i——第 i 个指标的得分；

n——指标数。

第四，价值工程法。价值工程法是指通过各相关领域的协作，对所研究对象的功能与费用进行系统分析，不断创新，旨在提高研究对象价值的思想方法和管理技术。其目的是以研究对象的最低寿命周期成本可靠地实现使用者所需的功能，以获取最佳的综合效益。

价值工程法的目标是提高研究对象的价值，在设计阶段运用价值工程法可以使建筑产品的功能更合理，可以有效地控制工程造价，还可以节约社会资源，实现资源的合理配置，其计算方法见式（5–2）。

$$V = \frac{F}{C} \quad (5\text{–}2)$$

式中：V——研究对象的价值；

F——研究对象的功能；

C——研究对象的成本，即寿命周期成本。

其一，提高价值的途径。

①在提高功能水平的同时，降低成本，这是最有效且最理想的途径。②在保持成本不变的情况下，提高功能水平。③在保持功能水平不变的情况下，降低成本。④成本稍有增加，但功能水平大幅度提高。⑤功能水平稍有下降，但成本大幅度下降。

其二，价值工程的工作程序。价值工程是一项有组织的管理活动，涉及面广，研究过程复杂，必须按照一定的程序进行。价值工程可以分为四个阶段，即准备阶段、分析阶段、创新阶段、实施阶段。

其三，价值工程在设计阶段工程造价控制中的应用。

①对象选择。在设计阶段应用价值工程控制工程造价，应以对控制造价影响较大的项目作为价值工程的研究对象。因此，可以应用ABC分析法，即将设计方案的成本分解并分成A、B、C三类，A类成本比重大、品种数量少，应作为实施价值工程的重点。②功能分析。分析研究对象具有哪些功能，各项功能之间的关系如何。③功能评价。评价各项功能，确定功能评价系数，并计算实现各项功能的现实成本是多少。从而计算各项功能的价值系数。④分配目标成本。根据限额设计的要求，确定研究对象的目标成本，并以功能评价系数为基础，将目标成本分摊到各项功能上，与各项功能的现实成本进行对比，确定成本改进期望值。成本改进期望值大的，应先重点改进。⑤方案创新及评价。根据价值分析结果及目标成本分配结果的要求，提出各种方案，并用加权评分法选出最优方案，使设计方案更加合理。

其四，价值系数的分析。

①$V=1$，即研究对象的功能值等于成本。这表明研究对象的成本与实现功能所必需的最低成本大致相当，研究对象的价值为最佳，一般无须优化。②$V<1$，即研究对象的功能值小于成本。这表明研究对象的成本偏高，而功能要求不高。此时，一种可能是由于存在过剩的功能，另一种可能是功能虽无过剩，但实现功能的条件或方法不佳，以至于使实现功能的成本大于功能的实际需要，应以剔除过剩功能及降低现实成本为改进方向，使成本与功能的比例趋于合理。③$V>1$，即研究对象的功能值大于成本。这表明研究对象的功能比较重要，但分配的成本较少；此时，应进行具体分析，功能与成本的分配可能已较理想，或者有不必要的功能，或者应该提高成本。

价值工程法在建设项目设计中的运用过程实际上是发现矛盾、分析矛盾和解决矛盾的过程。具体地说，就是分析功能与成本间的关系，以提高建设工程的价值系数。建设项目设计人员要以提高价值为目标，以功能分析为核心，以经济效益为出发点，从而真正实现对设计方案的优化与选择。

（三）优化与选择的定性方法

1. 设计招标和设计方案竞选

建设单位首先就拟建工程的设计任务通过报刊、信息网络或其他媒介发布公告，吸引设计单位参加设计招标或设计方案竞选，以获得众多的设计方案；然后组织技术专家人数占2/3以上的7 ~ 11人的专家评定小组，由专家评定小组采用科学的方法，按照经济、适用、美观的原则，以及技术先进、功能全面、结构合理、安全适用、满足建设节能及环境等要求，综合评定各设计方案优劣，从中选择最优的设计方案。或将各方案的可取之处重新组合，提出最佳方案。

专家评价法有利于多种设计方案的比较与选择，能集思广益，吸收众多设计方案的优点，使设计更完美。同时这种方法有利于控制建设工程造价，因为选中的项目投资概算一般能控制在投资者限定的投资范围内。

2. 限额设计

限额设计是在资金一定的情况下，尽可能提高建设项目水平的一种优化与选择的手段。

3. 标准化设计

标准化设计是指在一定时期内，采用共性条件，制定统一的标准和模式，开展的适用范围比较广泛的设计，适用于技术上成熟、经济上合理、市场容量充裕的项目设计。即在建设项目的设计中要严格遵守各项设计标准规范，如全国、省市、自治区、直辖市统一的设计规范及标准，有条件的设计单位和工程造价咨询企业，可在此基础上建立更加先进的设计规范及标准。

采用标准化设计，可以改进设计质量，加快实现建筑工业化；可以提高劳动生产率，加快项目建设进度；可以节约建筑材料，降低工程造价。标准化设计是经过多次反复实践检验和补充完善的，较好地结合了技术和经济两方面，合理利用了资源，充分考虑了施工及运营的要求，因而可以作为设计方案优化与选择的方法。

4. 德尔菲法（Delphi Method）

德尔菲法是指采用背对背的通信方式征询专家小组成员的预测意见，经过几轮征询，使专家小组的预测意见趋于集中，最后做出符合市场未来发展趋势的预测结论的方法。

德尔菲法又名专家意见法或专家函询调查法，是依据系统的程序，采用匿名发表意见的方式，即团队成员之间不得互相讨论，不发生横向联系，只能与调查人员发生关系，以反复地填写问卷，集结问卷填写人的共识及搜集各方意见，可用来构造团队沟通流程，应对复杂任务难题的管理技术。

该方法通过几轮不同的专家意见征询，可以充分识别设计方案的优缺点，通过结合不同专家的意见以实现设计方案的优化与选择，但花费时间较长。

建设项目五大目标之间的整体相关性，决定了设计方案的优化与选择必须考虑工程质量、造价、工期、安全和环保五大目标之间的最佳匹配，力求达到整体目标最优，而不能孤立、片面地考虑某一目标或强调某一目标而忽略其他目标。在保证工程质量和安全、保护环境的基础上，追求全寿命周期成本最低的设计方案。

第三节 设计概算的编制

编制设计概算是工程造价管理人员在项目设计阶段的主要工作内容之一，涉及初步设计、技术设计和施工图设计等阶段，是设计文件的重要组成部分。设计概算是确定和控制建设项目全部投资的文件，是建设项目实施全过程工程造价控制管理及考核建设项目经济合理性的依据。因此，应全面准确地对建设项目进行设计概算。

一、设计概算的概念及作用

（一）设计概算的概念

根据《建设项目设计概算编审规程》（CECA/GC 2–2015）中“术语”的规定，设计概算是指以初步设计文件为依据，按照规定的程序、方法和依据，对建设项目总投资及其构成进行的概略计算。

在一般的工程实践中，设计概算是指在投资估算的控制下由设计单位根据初步设计或扩大初步设计的图样及说明，利用国家或地区颁发的概算指标、概算定额、综合指标预算定额、各项费用定额或取费标准（指标），建设地区自然、技术经济条件和设备，设备材料预算价格等资料，按照设计要求，对建设项目从筹建至竣工交付使用所需全部费用进行的预计。

设计概算书是编制设计概算的成果，简称设计概算。设计概算书是初步设计文件的重要组成部分，其特点是编制工作相对简略，无须达到施工图预算的准确程度。采用“两阶段设计”的建设项目，初步设计阶段必须编制设计概算；采用“三阶段设计”的建设项目，扩大初步设计阶段必须编制修正概算。

（二）设计概算的作用

设计概算是设计单位根据有关依据计算出来的建设项目的预期费用，用于衡量建设投资是否超过估算并控制下一阶段的费用支出，是工程造价在设计阶段的表现形式，不是在市场竞争中形成的价格，其主要作用是控制以后各阶段的投资。

设计概算是确定和控制建设项目全部投资的文件，是编制固定资产投资计划的依据。设计概算投资应包括建设项目从立项、可行性研究、设计、施工、试运行到竣工验收等的全部建设资金。设计概算一经批准，将作为控制建设项目投资的最高限额。在项目建设过程中，年度固定资产投资计划安排、银行拨款或贷款、施工图设计及其预算、竣工决算等，未经规定程序批准，都不能突破这一限额，确保对国家固定资产投资计划的严格执行和有效控制。

设计概算是控制施工图设计和施工图预算的依据。经批准的设计概算是建设工程项目投资的最高限额。设计单位必须按批准的初步设计和总概算进行施工图设计，施工图预算不得突破设计概算，设计概算批准后不得任意修改和调整；如须修改或调整，则必须经原批准部门重新审批。

设计概算是衡量设计方案技术经济合理性和选择最佳设计方案的依据。设计单位在初步设计阶段要选择最佳设计方案，设计概算是从经济角度衡量设计方案经济合理性的重要依据。

设计概算是编制招标控制价（招标标底）和投标报价的依据以设计概算进行招投标的工程，招标单位以设计概算作为编制招标控制价（标底）及评标定标的依据。承包单位也必须以设计概算为依据，编制投标报价，以合适的投标报价在投标竞争中取胜。

设计概算是签订承、发包合同和贷款合同的依据。《中华人民共和国合同法》（以下简称《合同法》）中明确规定，建设工程合同价款是以设计概、预算价为依据，且总承包合同不得超过设计总概算的投资额。银行贷款或各单项工程的拨款累计总额不能超过设计概算。

设计概算是考核建设项目投资效果的依据。通过设计概算与竣工决算对比，可以分析和考核建设工程项目投资效果的好坏，同时还可以验证设计概算的准确性，有利于加强设计概算管理和建设项目的工程造价管理工作。

二、设计概算的内容

（一）设计概算文件的组成

根据《建设项目设计概算编审规程》（CECA/GC 2–2015）的规定，采用三级编制形式的设计概算文件主要包括：①封面、签署页及目录；②编制说明；③总概算表；④工程建设其他费用表；⑤综合概算表；⑥单位工程概算表；⑦概算综合单价分析表；⑧附件：其他表。

采用二级编制形式的设计概算文件主要包括：①封面、签署页及目录；②编制说明；③总概算表；④工程建设其他费用表；⑤单位工程概算表；⑥概算综合单价分析表；⑦附件：其他表。

（二）设计概算的费用构成

设计概算文件一般应采用三级编制形式，当建设项目为一个单项工程时，可采用二级编制形式。设计概算的费用构成如表 5–1 所示。

表 5–1 设计概算的费用构成

<table>
<tr><th>建设项目分解</th><th>设计概算体系</th><th>费用构成</th></tr>
<tr><td rowspan="5">单位工程</td><td rowspan="5">单位工程概算</td><td>人工费、材料费、施工机具使用费</td></tr>
<tr><td>企业管理费</td></tr>
<tr><td>利润</td></tr>
<tr><td>规费和税金</td></tr>
<tr><td>设备及工器具购置费</td></tr>
<tr><td rowspan="2">单项工程</td><td rowspan="2">单项工程综合概算</td><td>建筑安装工程费</td></tr>
<tr><td>设备及工器具购置费</td></tr>
<tr><td rowspan="6">建设项目</td><td rowspan="6">建设项目总概算</td><td>建筑安装工程费</td></tr>
<tr><td>设备及工器具购置费</td></tr>
<tr><td>工程建设其他费用</td></tr>
<tr><td>预备费</td></tr>
<tr><td>建设期利息</td></tr>
<tr><td>生产或经营性项目铺底流动资金</td></tr>
</table>

注：表中若干个单位工程概算汇总后成为单项工程概算，若干个单项工程概算和工程建设其他费用、预备费、建设期利息、铺底流动资金等概算文件汇总后成为建设项目总概算。

（三）设计概算的编制内容

设计概算的编制内容包括静态投资和动态投资两个层次。静态投资作为考核工程设计和施工图预算的依据：动态投资作为项目筹措、供应和控制资金使用的限额。设计概算的主要编制内容包括单位工程概算、单项工程综合概算及建设项目总概算。

单位工程概算单位工程概算是指以初步设计文件为依据，按照规定的程序、方法和依据，计算单位工程费用的成果文件，是编制单项工程综合概算(或项目总概算)的依据，是单项工程综合概算的组成部分。

单项工程综合概算。单项工程综合概算是指以初步设计文件为依据，在单位工程概算的基础上汇总单项工程费用的成果文件，由单项工程中的各单位工程概算汇总编制而成，是建设项目总概算的组成部分。

建设项目总概算。建设项目总概算是指以初步设计文件为依据，在单项工程综合概算的基础上计算建设项目概算总投资的成果文件。

单项工程综合概算和建设项目总概算仅是一种归纳、汇总性文件。因此，最基本的计算文件是单位工程概算书。若建设项目为一个独立单项工程，则建设项目总概算书与单项工程综合概算书可合并编制。

三、设计概算的编制要求及编制依据

（一）设计概算的编制要求

1. 设计概算应按编制时（期）项目所在地的价格水平编制，总投资应完整地反映编制时建设项目的实际投资。

2. 设计概算应考虑建设项目施工条件等因素对投资的影响。

3. 按项目合理工期预测建设期价格水平，以及资产租赁和贷款的时间价值等动态因素对投资的影响。

4. 建设项目概算总投资还应包括固定资产投资方向调节税（暂停征收）和（铺底）流动资金。

（二）设计概算的编制依据

根据《建设项目设计概算编审规程》（CECA/GC 2 –2015）的规定，设计概算的编制依据是指编制项目概算所需的一切基础资料，主要有以下方面：

1. 批准的可行性研究报告。

2. 工程勘察与设计文件或设计工程量。

3. 项目涉及的概算指标或定额，以及工程所在地编制同期的人工、材料、机械台班市场价格，相应工程造价管理机构发布的概算定额（或指标）。

4. 国家、行业和地方政府有关法律、法规或规定，政府有关部门、金融机构等发布的价格指数、利率、汇率、税率，以及工程建设其他费用等。

5. 资金筹措方式。

6. 正常的施工组织设计或拟订的施工组织设计和施工方案。

7. 项目涉及的设备材料供应方式及价格。

8. 项目的管理（含监理）、施工条件。

9. 项目所在地区有关的气候、水文、地质地貌等自然条件。

10. 项目所在地区有关的经济、人文等社会条件。

11. 项目的技术复杂程度，以及新技术、专利使用情况等。

12. 有关文件、合同、协议等。

13. 委托单位提供的其他技术经济资料。

14. 其他相关资料。

四、设计概算的编制方法

（一）单位工程概算的编制方法

单位工程概算包括建筑工程概算和设备及安装工程概算。其中，建筑工程概算的编制方法有概算定额法、概算指标法、类似工程预算法等；设备及安装工程概算的编制方法有预算单价法、扩大单价法、设备价值百分比法和综合吨位指标法等；计算完成后，应分别填写建筑工程概算表和设备及安装工程概算表。

1. 概算定额法

概算定额法又称扩大单价法或扩大结构定额法，是指套用概算定额编制建设项目概算的方法。概算定额法适用于初步设计达到一定深度，建筑结构尺寸比较明确，能按照初步设计的平面图、立面图、剖面图计算出楼地面、墙身、门窗和屋面等扩大分项工程（或扩大结构构件）项目的工程量的建设项目。

采用概算定额法编制设计概算的步骤如下：

（1）收集基础资料、熟悉设计图样和了解有关施工条件和施工方法。

（2）按照概算定额分部分项顺序，列出单位工程中分项工程或扩大分项工程项目名称并计算工程量。

（3）确定各分部分项工程项目的概算定额单价。

（4）计算单位工程人工费、材料费和施工机具使用费。

（5）计算企业管理费、利润、规费和税金。

（6）计算单位工程概算造价，计算方法见式（5–3）。

单位工程概算造价 = 人工费 + 材料费 + 施工机具使用费 + 企业管理费 + 利润 + 规费 + 税金（5–3）

（7）编写概算编制说明。

2. 概算指标法

概算指标法是指用拟建建设项目的建筑面积（或体积）乘以技术条件相同或基本相同的概算指标得出人工费、材料费和施工机具使用费，然后按规定计算出企业管理费、利润、规费和税金等，得出单位工程概算的方法。

概算指标法的适用范围为：①由于设计无详图而只有概念性设计时，或初步设计深度不够，不能准确地计算出工程量，但设计采用的技术比较成熟；②设计方案急需工程造价概算而又有类似工程概算指标可以利用；③图样设计间隔很久后再来实施，概算造价不适用于当前情况而又亟须确定造价的情形下，可按当前概算指标来修正原有概算造价；④通用设计图样设计可组织编制通用图设计概算指标来确定造价。

其一，直接套用。在使用概算指标法时，如果拟建工程在建设地点、结构特征、地质及自然条件、建筑面积等方面与概算指标相同或相近，就可直接套用概算指标编制概算。

其二，间接套用。在实际工作中，经常会遇到拟建对象的结构特征与概算指标中规定的结构特征有局部不同的情况，因此，必须对概算指标进行调整后方可套用。

（1）调整概算指标中的每平方米（立方米）造价。这种调整方法是将原概算指标中的单位造价进行调整，扣除每平方米（立方米）原概算指标中与拟建工程结构不同部分的造价，增加每平方米（立方米）拟建工程与概算指标结构不同部分的造价，使其成为与拟建工程结构相同的工料单价，计算方法见式（5–4）。

结构变化修正概算指标（元/m^2、元/m^3）$= J + Q_1P_1 - Q_2P_2$（5–4）

式中 J——原概算指标；

Q_1——概算指标中换入结构的工程量；

Q_2——概算指标中换出结构的工程量；

P_1——换入结构的工料单价；

P_2——换出结构的工料单价。

则拟建工程造价为：

人、材、机费用（人工费、材料费、施工机具使用费，后同）= 修正后的概算指标 × 拟建工程建筑面积（体积）

求出人、材、机费用后，再按照规定的取费方法计算其他费用，最终得到单位工程概算造价。

（2）调整概算指标中的工、料、机（人工、材料、机械台班，后同）数量。这种方法是将原概算指标中每 $100m^2$（$1000m^3$）建筑面积（体积）中的工、料、机数量进行调整，扣除原概算指标中与拟建工程结构不同部分的工、料、机消耗量，增加拟建工程与概算指标结构不同部分的工、料、机消耗量，使其成为与拟建工程结构相同的每 $100m^2$（$1000m^3$）建筑面积（体积）工、料、机数量。计算方法见式（5-5）。

$$\text{结构变化修正概算指标的工、料、机数量} = L + M_1N_1 - M_2N_2 \quad (5\text{-}5)$$

式中：L——原概算指标的工、料、机数量；

M_1——换入结构构件工程量；

M_2——换出结构构件工程量；

N_1——换入结构构件相应定额工、料、机消耗量；

N_2——换出结构构件相应定额工、料、机消耗量。

以上两种方法，前者是直接修正概算指标单价，后者是修正概算指标工、料、机数量。修正之后，方可按上述方法分别套用。

3. 类似工程预算法

类似工程预算法是指利用技术条件与设计对象相类似的已完建设项目或在建建设项目的工程造价资料来编制拟建项目设计概算的方法。类似工程预算法的适用范围为当拟建项目初步设计与已完建设项目或在建建设项目的设计相类似而又没有可用的概算指标的项目。

采用类似工程预算法编制设计概算的步骤如下：

（1）根据设计对象的各种特征参数，选择最合适的类似工程概算。

（2）根据本地区现行的各种价格和费用标准计算类似工程概算的人工费、材料费、施工机具使用费、企业管理费等修正系数。

（3）根据类似工程概算修正系数和以上四项费用占预算成本的比重，计算预算成本总修正系数，并计算出修正后的类似工程平方米预算成本。

（4）根据类似工程修正后的平方米概算成本和编制概算地区的利税率计算修正后的

类似工程平方米造价。

（5）根据拟建工程的建筑面积和修正后的类似工程平方米造价，计算拟建工程概算造价。

（6）编制概算编写说明。

类似工程预算法对条件有所要求，也就是可比性，即拟建工程项目的建筑面积、结构构造特征要与已建工程基本一致，如层数相同、面积相似、结构相似、工程地点相似等，采用此方法时必须对建筑结构差异和价差进行调整。

其一，建筑结构差异的调整。结构差异调整方法与概算指标法的调整方法相同。

其二，价差调整。类似工程造价的价差调整可以采用两种方法。

（1）当类似工程造价资料有具体的人工、材料、机械台班的用量时，可按类似工程预算造价资料中的主要材料、工日、机械台班数量乘以拟建工程所在地的主要材料预算价格、人工单价、机械台班单价，计算出人、材、机费用，再计算措施费、规费、企业管理费、利润和税金，即可得出所需的造价指标。

（2）类似工程造价资料只有人工费、材料费、施工机具使用费和企业管理费等费用或费率时，调整方法见式（5–6）和式（5–7）。

$$D = AK \tag{5–6}$$

$$K = aK_1 + bk_2 + cK_3 + dK_4 + \cdots \tag{5–7}$$

式中：D——拟建工程成本单价；

A——类似工程成本单价；

K——成本单价综合调整系数；a，b　c　d类似工程概算的人工费、材料费、施工机具使用费、企业管理费等占预算成本的比重，如a=类似工程人工费/类似工程概算成本×100%，b，c　d，…，类同；K_1，K_2 K_3，K_4——拟建项目地区与类似工程概算造价在人工费、材料费、施工机具使用费、企业管理费等之间的差异系数，如K_1拟建工程概算的人工费（或工资标准）/类似工程概算人工费（或地区工资标准）K_2，K_3　K_4，…，类同。

以上综合调价系数是以类似项目中各成本构成项目占总成本的百分比为权重，按照加权的方式计算的成本单价的调价系数。根据类似工程概算提供的资料，也可按照同样的计算思路计算出人、材、机费用综合调整系数，通过系数调整类似工程的工料单价，再计算其他剩余费用构成内容，也可得出所需的造价指标。

4. 预算单价法

当初步设计较深，有详细的设备清单时，可直接按安装工程预算定额单价编制安装工程概算，概算编制程序与安装工程施工图预算程序基本相同，具体编制步骤与建筑工程概算类似。该法的优点是计算比较具体，精确性较高。

5. 扩大单价法

当初步设计深度不够，设备清单不完备，只有主体设备或仅有成套设备重量时，可采用主体设备、成套设备的综合扩大安装单价来编制概算，具体编制步骤与建筑工程概算类似。

6. 设备价值百分比法

设备价值百分比法又称安装设备百分比法，当初步设计深度不够，只有设备出厂价而无详细规格、重量时，安装费可按占设备费的百分比计算。其百分比值（即安装费费率）由相关管理部门制定或由设计单位根据已完类似项目确定。该法常用于价格波动不大的定型产品和通用设备产品，计算方法见式（5–8）。

$$设备安装费 = 设备原价 \times 安装费费率 \tag{5–8}$$

7. 综合吨位指标法

当初步设计提供的设备清单有规格和设备重量时，可采用综合吨位指标编制概算，其综合吨位指标由相关主管部门或由设计单位根据已完类似项目的资料确定。该法常用于设备价格波动较大的非标准设备和引进设备的安装工程概算，计算方法见式（5–9）。

$$设备安装费 = 设备吨重 \times 每吨设备安装费指标 \tag{5–9}$$

（二）单项工程综合概算的编制方法

单项工程综合概算的编制方法主要是填写综合概算表，然后形成单项工程综合概算文件。单项工程综合概算文件一般包括编制说明（不编制总概算时列入）和综合概算表（含其所附的单位工程概算表和建筑材料表）两大部分。当建设项目只有一个单项工程时，此时综合概算文件（实为总概算）除包括上述两大部分外，还应包括工程建设其他费用、建设期利息、预备费的概算。

1. 编制说明

编制说明应列在综合概算表的前面，其内容包括：

（1）工程概况。简述建设项目的性质、特点、生产规模、建设周期、建设地点、主要工程量、工艺设备等情况。引进项目要说明引进内容以及与国内配套工程等主要情况。

（2）编制依据。包括国家和有关部门的规定、设计文件、现行概算定额或概算指标、设备材料的预算价格和费用指标等。

（3）编制方法。说明设计概算是采用概算定额法，还是采用概算指标法或其他方法。

（4）主要设备、材料的数量。

（5）主要技术经济指标。主要包括项目概算总投资（有引进的给出所需外汇额度）及主要分项投资、主要技术经济指标（主要单位投资指标）等。

（6）工程费用计算表。主要包括建筑工程费用计算表、工艺安装工程费用计算表、配套工程费用计算表、其他涉及工程的工程费用计算表。

（7）引进设备材料有关费率取定及依据。主要是关于国外运输费、国外运输保险费、关税、增值税、国内运杂费、其他有关税费等。

（8）引进设备材料从属费用计算表。

（9）其他必要的说明。

2. 综合概算表

综合概算表是指根据单项工程所辖范围内的各单位工程概算等基础资料。

（三）建设项目总概算的编制方法

建设项目总概算的编制方法主要是填写总概算表，然后形成设计总概算文件。设计总概算文件应包括编制说明、总概算表、各单项工程综合概算书、工程建设其他费用概算表、主要建筑安装材料汇总表。独立装订成册的总概算文件宜加封面、签署页（扉页）和目录。

第四节 施工图预算的编制

编制施工图预算是工程造价管理人员在项目设计阶段的主要工作内容之一，主要在施工图设计阶段进行，是设计文件的重要组成部分。建设项目施工图预算是施工图设计阶段合理确定和有效控制工程造价的重要依据。因此，应全面准确地对建设项目进行施工图预算。

一、施工图预算的概念及作用

（一）施工图预算的概念

在一般的工程实践中，施工图预算是指以施工图设计文件（包括施工图、基础定额、市场价格及各项取费标准等资料）为依据，按照规定的程序、方法和依据，在建设项目施工前对建设项目的工程费用进行的预测与计算。

施工图预算价格既可以是按照政府统一规定的预算单价、取费标准、计价程序计算得到的属于计划或预期性质的施工图预算价格，也可以是通过招投标法定程序后施工企业根据自身的实力即企业定额、资源市场单价以及市场供求及竞争状况计算得到的反映市场性质的施工图预算价格。

施工图预算书是编制施工图预算的成果，简称施工图预算。它是在施工图设计阶段对工程建设所需资金做出较精确计算的设计文件。

（二）施工图预算的作用

施工图预算是建设项目建设程序中一个重要的技术经济文件，对投资方、施工单位、工程造价咨询企业、建设项目项目管理、监理等中介服务企业及工程造价管理部门都有着十分重要的作用。

1. 对投资方

（1）施工图预算是设计阶段控制工程造价的重要环节，是控制施工图设计不突破设计概算的重要措施。

（2）施工图预算是控制造价及资金合理使用的依据。

（3）施工图预算是确定建设项目招标控制价的依据。

（4）施工图预算可以作为确定合同价款、拨付工程进度款及办理工程结算的基础。

2. 对施工单位

（1）施工图预算是施工单位投标报价的基础。在激烈的建筑市场竞争中，施工单位需要根据施工图预算，结合企业的投标策略，确定投标报价。

（2）施工图预算是建设项目预算包干的依据和签订施工合同的主要内容。

（3）施工图预算是施工单位安排调配施工力量、组织材料供应的依据。

（4）施工图预算是施工单位控制工程成本的依据。

（5）施工图预算是进行“两算”对比的依据。施工企业可以通过施工图预算和施工预算的对比分析，找出差距，采取必要的措施。

3. 对工程造价咨询企业

客观、准确地为委托方做出施工图预算，不仅体现出其水平、素质和信誉，而且强化了投资方对工程造价的控制，有利于节省投资，提高建设项目的投资效益。

4. 对建设项目

项目管理、监理等中介服务企业客观准确的施工图预算是为业主方提供投资控制的依据。

5. 对工程造价管理部门

（1）施工图预算是其监督、检查执行定额标准，合理确定工程造价，测算造价指数以及审定工程招标控制价的重要依据。

（2）如在履行合同的过程中发生经济纠纷，施工图预算还是有关仲裁、管理、司法机关按照法律程序处理、解决问题的依据。

二、施工图预算的内容

（一）施工图预算文件的组成

根据《建设项目施工图预算编审规程》（CECA/GC 5-2010）的规定，当建设项目有多个单项工程时，应采用三级预算编制形式，其预算文件主要包括：①封面、签署页及目录；②编制说明；③总预算表；④综合预算表；⑤单位工程预算表；⑥附件。

当建设项目只有一个单项工程时，应采用二级预算编制形式，其文件主要包括：①封面、签署页及目录；②编制说明；③总预算表；④单位工程预算表；⑤附件。

（二）施工图预算的费用构成

施工图预算总投资包括建筑工程费、设备及工器具购置费、安装工程费、工程建设其他费用、预备费、建设期贷款利息、固定资产投资方向调节税（暂停征收）及铺底流动资金。

（三）施工图预算的编制内容

按照预算文件的不同，施工图预算的编制内容有所不同，主要包括单位工程预算、单项工程综合预算及建设项目总预算。

1. 单位工程预算

单位工程预算是指依据单位工程施工图设计文件、现行预算定额以及人工、材料和施工机械台班价格等，按照规定的计价方法编制的工程造价文件。

单位工程预算包括单位建筑工程预算和单位设备及安装工程预算。单位建筑工程预算是建筑工程各专业单位工程施工图预算的总称，按其工程性质分为一般土建工程预算，给水排水工程预算，采暖通风工程预算，煤气工程预算，电气照明工程预算，弱电工程预算，特殊构筑物如烟囱、水塔等工程预算以及工业管道工程预算等。安装工程预算是安装工程各专业单位工程预算的总称，安装工程预算按其工程性质分为机械设备安装工程预算、电气设备安装工程预算、工业管道工程预算和热力设备安装工程预算等。

2. 单项工程综合预算

单项工程综合预算是指反映施工图设计阶段一个单项工程（设计单元）造价的文件，是总预算的组成部分，由构成该单项工程的各个单位工程施工图预算组成。

单项工程综合预算编制的费用项目是各单项工程的建筑安装工程费、设备及工器具购置费和工程建设其他费用的总和。

③建设项目总预算

建设项目总预算是指反映施工图设计阶段建设项目投资总额的造价文件，是施工图预算文件的主要组成部分。

建设项目总预算由组成该建设项目的各个单项工程综合预算和相关费用组成。

三、施工图预算的编制要求、编制依据及编制程序

（一）施工图预算的编制要求

①施工图总预算应控制在已批准的设计总概算投资范围以内。②施工图预算的编制应保证编制依据的合法性、全面性和有效性，以及预算编制成果文件的准确性和完整性。③施工图预算应考虑施工现场实际情况，并结合拟建建设项目合理的施工组织设计进行编制。

（二）施工图预算的编制依据

根据《建设项目施工图预算编审规程》（CECA/GC 5—2010）的规定，施工图预算的编制依据是指编制项目施工图预算所需的一切基础资料，主要有以下方面：

①国家、行业、地方政府发布的计价依据、有关法律法规或规定。②建设项目有关文件、合同、协议等。③批准的设计概算。④批准的施工图、设计图样及相关标准图集和规范。⑤相应预算定额和地区单位估价表。⑥合理的施工组织设计和施工方案等文件。⑦项目有关的设备、材料供应合同、价格及相关说明书。⑧项目所在地区有关的气候、水文、地质地貌等自然条件。⑨项目的技术复杂程度，以及新技术、专利使用情况等。⑩项目所在地区有关的经济、人文等社会条件。

（三）施工图预算的编制程序

施工图预算编制的程序主要包括三大内容：单位工程预算编制、单项工程综合预算编制、建设项目总预算编制。

四、施工图预算的编制方法

（一）单位工程预算的编制方法

单位工程预算的主要编制方法有定额计价法和工程量清单计价法，其中定额计价法分为单价法和实物法。

1. 单价法

单价法又称工料单价法或预算单价法，是指分部分项工程的单价为工料单价，将分部分项工程量乘以对应分部分项工程单价后的合计作为单位人、材、机费用，人、材、机费用汇总后，再根据规定的计算方法计取企业管理费、利润、规费和税金，将上述费用汇总后得到该单位工程的施工图预算造价的方法，计算方法见式（5–10），单价法中的单价一般采用地区统一单位估价表中的各分项工程工料单价（定额基价）。

建筑安装工程预算造价 = Ó（分项工程量 × 分项工程工料单价）+ 企业管理费 + 利润 + 规费 + 税金（5–10）

（1）准备工作

此步骤主要包括以下工作：

①熟悉现行预算定额或基础定额。熟练地掌握预算定额或基础定额及其有关规定，熟悉预算定额或基础定额的全部内容和项目划分，定额子目的工程内容、施工方法、材料规格、质量要求、计量单位、工程量计算方法，项目之间的相互关系以及调整预算定额的规定条件和方法，以便正确地应用定额。

②熟悉施工图。在熟悉施工图时，应将建筑施工图、结构施工图、其他工种施工图、相关的大样图、所采用的标准图集、构造做法等相互结合起来，并对构造要求、构件联结、装饰要求等有一个全面认识，对设计图样形成主要概念。同时，在识图时，发现图样上不合理或存在问题的地方，要通知设计单位及时修改，避免返工。

③了解和掌握现场情况及施工组织设计或施工方案等资料。对施工现场的施工条件、施工方法、技术组织措施、施工进度、施工机械及设备、材料供应等情况也应了解。同时，对现场的地貌、土质、水位、施工场地、自然地坪标高、土石方挖填运状况及施工方式、总平面布置等与施工图预算有关的资料应详细了解。

（2）列项、计算工程量

一般按下列步骤进行：首先将单位工程划分为若干分项工程，划分的项目必须和定额规定的项目一致，这样才能正确地套用定额。不能重复列项计算，也不能漏项少算。工程量应严格按照图样尺寸和现行定额规定的工程量计算规则进行计算，分项子目的工程量应遵循一定的顺序逐项计算，避免漏算和重算。

①根据工程内容和定额项目，列出须计算工程量的分部分项工程。

②根据一定的计算顺序和计算规则，列出分部分项工程量的计算式。

③根据施工图上的设计尺寸及有关数据，代入计算式进行数值计算。

④对计算结果的计量单位进行调整，使之与定额中相应的分部分项工程的计量单位保持一致。

（3）套用预算定额

并计算人、材、机费用。当分部分项工程量计算完毕经检验无误后，就按定额分项工程的排列顺序，套用定额单价，计算出定额人、材、机费用，计算方法见式（5-11）。

i 分项工程人、材、机费用 = i 分项工程量 × 相应预算单价　（5-11）

①定额的套用。套用定额时，应根据施工图及说明的做法，仔细核对工程内容、项目特征、施工方法及材料规格，选择相应的定额项目，尽量避免漏项、重项、错项、高项、低项及定额档次划分混淆不清等情况发生。

②定额的换算。当分项工程的内容、材料规格、施工方法、强度等级及配合比等条件与定额项目不相符时，应根据定额的说明要求，在规定的允许范围内加以调整及换算。通常容易涉及换算的内容主要有配合比换算、混凝土强度等级换算、厚度换算、其他有关的材料换算，计算方法见式（5-12）~式（5-14）。

系数换算：

换算后定额基价 = 原定额基价 × 换算系数　（5-12）

换算后定额基价 = 原定额人工费 × 人工换算系数 + 原定额材料费 × 材料换算系数 + 原定额施工机具使用费 × 机械换算系数　（5-13）

材料换算：

换算后定额基价 = 原定额基价 − 换出材料消耗量 × 换出材料单价 + 换入材料消耗量 × 换入材料单价　（5-14）

③补充定额的编制。当某些分项工程在定额中缺项时，可以编制补充定额。编制时，建设单位、施工单位及监理部门应进行协商并同意，报当地工程造价管理部门审批后，经同意才能列入使用。

（4）工料分析

了直观地反映出工料的用量，必须对单位工程预算进行工料分析，编制工料分析表。工料分析表是编制单位工程劳动力、材料、构（配）件和施工机械等需要量计划的依据，也是编制施工进度计划、安排生产、统计完成工作量的依据。施工图预算工料分析的内容主要有分部分项工程工料分析表、单位工程工料分析表及有关文字说明。

工料分析一般应先按施工图预算填写各分部分项工程定额编号、分部分项工程名称及各分部分项工程量，然后逐项查出定额中各分项工程所用材料的消耗量标准，最后根据公式计算不同品种、规格的材料用量，从而反映出单位工程全部分项工程的人工和材料的预算用量，计算方法见式（5–15）和式（5–16）。

$$\text{人工消耗量}=\text{某工种定额用工量}\times\text{某分项工程量} \tag{5-15}$$

$$\text{材料消耗量}=\text{某种材料定额用量}\times\text{某分项工程量} \tag{5-16}$$

（5）汇总各分部工程人、材、机费用

计算单位工程人、材、机费用，并计算其他费用，计算方法见式（5–17）和式（5–18）。

$$j\,\text{分部工程人、材、机费用}=\sum i\,\text{分项工程人、材、机费用} \tag{5-17}$$

$$\text{单位工程人、材、机费用}=\sum j\,\text{分部工程人、材、机费用} \tag{5-18}$$

（6）编制说明及复核

对编制依据、施工方法、施工措施、材料价格、费用标准等主要情况加以说明，使有关人员在使用本预算时了解其编制前提，当实际前提发生变化时，也好对预算值做相应调整，最后再对预算的“项”“量”“价”“费”做全面复核。

（7）装订及签章

把预算按照其组成内容的一定顺序装订成册，再填写封面内容，并签字完备，加盖参加编制的工程造价人员的资格证章，经有关负责人审定后签字，再加盖公章。至此，施工图预算书才有效编制完成。

单价法的优点是计算简单、工作量较小、编制速度较快，便于工程造价管理部门集中统一管理。其缺点是由于采用事先编制好的统一的单位估价表，其价格水平只能反映定额编制年份的价格水平，所以在市场价格波动较大的情况下，计算结果会偏离实际价格水平。

2. 实物法

实物法是指根据预算定额或基础定额的分部分项工程量计算规则及施工图计算出分部分项工程量，然后套用相应人工、材料、机械台班的定额用量，再分别乘以工程所在地当时的人工、材料、机械台班的实际单价，求出单位工程的人工费、材料费和施工机具使用费，并汇总求和，按规定计取其他各项费用（企业管理费、利润、规费及税金），最后汇总得出单位工程施工图预算造价的方法，计算方法见式（5–19）和式（5–20）。

单位工程施工图预算人、材、机费用 = Σ（分项工程量 × 人工定额用量 × 当时当地人工单价）+ Σ（分项工程量 × 材料定额用量 × 当时当地材料单价）+ Σ（分项工程量 × 施工机械台班定额用量 × 当时当地施工机械台班单价）　（5–19）

建筑安装工程预算 = 人、材、机费用 + 企业管理费 + 利润 + 规费 + 税金　（5-20）

（1）准备工作。针对实物法的特点，在此步骤中需要全面收集各种人工、材料、机械台班当时当地的实际价格，包括不同品种、不同规格的材料价格，不同工种、不同等级的人工工资单价，不同种类、不同型号的机械台班单价等。对获得的各种实际价格要求全面、系统、真实、可靠。本步骤的其他内容可参考单价法的相应步骤。

（2）列项、计算工程量。本步骤与单价法相同。

（3）工料分析，计算各分项工程所需的人工、材料、机械消耗量。根据预算人工定额所需的各类人工工日的数量，乘以各分项工程的工程量，算出各分项工程所需的各类人工工日的数量。同样，通过相同的方法，可以获得各分项工程所需各类材料和机械台班的消耗量。

（4）计算并汇总人、材、机费用。对人工单价、设备、材料的预算价格和机械台班单价，可由工程造价主管部门定期发布价格、造价信息，为基层提供服务。企业也可以根据自己的情况，自行确定人工单价、材料价格和机械台班单价。

用当时当地的各类实际工、料、机单价乘以相应的工、料、机消耗量，即得单位工程人工费、材料费和施工机具使用费。根据前述公式汇总计算，即得单位工程预算人、材、机费用。

（5）计算其他各项费用，汇总造价。本步骤内容与单价法相同。

（6）复核。要求认真检查人工、材料、机械台班的消耗量计算是否正确，有没有漏算或多算，套用的定额是否正确。此外，还要检查采用的实际价格是否合理等。其他步骤，可参考单价法的相应步骤。

（7）编制说明、填写封面。

实物法与单价法首尾部分的步骤基本相同，所不同的主要是中间两个步骤：①采用实物法计算工程量后，套用相应人工、材料、机械台班预算定额消耗量，求出各分项工程人工、材料、机械台班消耗数量并汇总成单位工程所需各类人工工日、材料和机械台班的消耗量；②实物法采用的是当时当地的各类人工工日、材料和机械台班的实际单价分别乘以相应的人工工日、材料和机械台班总的消耗量，汇总后得出单位工程的人工费、材料费和施工机具使用费。

在市场经济条件下，人工、材料和机械台班单价是随市场而变化的，它们是影响工程造价最活跃、最主要的因素。实物法的优点是采用是建设项目所在地当时人工、材料、机械台班的价格，较好地反映了实际价格水平，工程造价的准确性高。其缺点是计算过程较单价法烦琐。

3. 工程量清单计价法

工程量清单计价法是指根据招标人按照国家统一的工程量计算规则提供工程数量，采用综合单价的形式计算工程造价的方法。我国现行的工程量清单计价规范是《建设工程工程量清单计价规范》（GB 50500—2013）。

工程量清单计价法的详细步骤及定额计价法的实例见计量计价类教材，此处不再赘述。

（二）单项工程综合预算的编制方法

单项工程综合预算由组成该单项工程的各个单位工程预算造价汇总而成，计算方法见式（5-21），计算完成后填写单项工程综合预算表，最后形成单项工程综合预算书。

单项工程施工图预算 = ∑单位建筑工程费用 + ∑单位设备及安装工程费用　　（5-21）

（三）建设项目总预算的编制方法

建设项目总预算由组成该建设项目的各个单项工程综合预算以及经计算的工程建设其他费用、预备费、建设期贷款利息、固定资产投资方向调节税（暂停征收）、铺底流动资金汇总而成，采用三级预算编制形式和二级预算编制形式的计算方法分别见式（5-22）和式（5-23），计算完成后填写建设项目总预算表，最后形成建设项目预算文件。

建设项目总预算 = ∑单项工程预算 + 工程建设其他费用 + 预备费 + 建设期利息 + 铺底流动资金　　（5-22）

建设项目总预算 = ∑单位建筑工程费用 + ∑单位设备及安装工程费用 + 工程建设其他费用 + 预备费 + 建设期利息 + 铺底流动资金　　（5-23）

第六章 施工阶段的工程造价管理

第一节 工程变更和合同价款的调整

一、工程变更的概念

制定建设工程合同是在了解合同签订阶段静态的承、发包范围、设计标准和施工条件的基础上进行的，但是工程建设项目在建设过程中会受到自然条件、客观因素以及不可预料的因素的影响，这会使项目的实际状况与招投标阶段的状况有所不同，从而影响工程合同制定阶段的静态前提。工程建设项目的实施过程中，涉及的工程变更包括设计图纸的修改，招标工程量清单存在错、漏的情况，施工工艺、顺序和期限的更改，为完成合同工程需要追加的工作等。因此，工程建设项目的实际状况与招投标阶段或合同签订阶段的状况有一定的变化，具体体现在设计、工程量、计划进度、使用材料等方面，这些变化即为工程变更。

凡是在以上各方面做出与设计图纸及技术说明不符的改变都要按规定的程序履行相应的手续并做好记录以备查阅。

二、工程变更的分类

若根据工程变更的起因对其进行分类，则会包含许多不同的工程变更，如工程环境变化；由于设计错误，对设计图纸进行修改；由于相关技术的更新，需要调整工程计划；发包人对工程项目的要求出现变化；相关法律法规对工程项目的规范有所调整等。上述对工程变更产生的原因，相互之间并不是独立的，不能进行严格区分。

工程变更按变更的内容划分，一般可分为工程量变更、工程项目的变更（如发包人提出增加或者删减原项目内容）、进度计划的变更、施工条件的变更等。在实际工程中，上述某种变更会引起另一种或几种变更，如工程项目的变更会引起工程量的变更甚至进度计划的变更。通常情况下，将工程变更分为如下两类：

（一）设计变更

若在施工阶段出现设计变更，会对施工进度造成很大影响。因此，应尽可能地控制施工阶段的设计变更，若无法避免，则必须根据国家的有关规定和签订的合同进行设计变更。

如变更超过原批准的建设规模或设计标准的，须经原审批部门审查批准，并由原设计单位提供变更的相应图纸和说明。发包人办妥上述事项后，通过监理人向承包人发出变更指示，承包人根据变更指示要求进行变更，由此造成合同价款的支出增加，使承包人遭受损失。发包人应承担其损失，并且允许工期顺延。

（二）其他变更

除设计变更外，其他能够导致合同内容变更的则为其他变更。如双方对工程质量要求的变化、双方对工期要求的变化、施工条件和环境的变化导致施工机械和材料的变化等，上述变更均由双方协商解决。

三、工程变更控制的要求

在施工阶段工程造价的控制中，应加强对工程变更的控制，具体要求如下：

（一）对工程中出现的必要变更应及时更改

如果出现了必须变更的情况，应当尽快变更。变更早，损失小。

（二）对发出的变更指令应及时落实

发出工程变更的指令后，应尽快落实指令，修改涉及的文件。承包人应予以配合，抓紧落实变更指令，若承包人未全面落实相关指令，须由承包人承担造成的损失。

（三）对工程变更的影响应当进行深入分析

对变更大的项目应坚持先算后变的原则。即不得突破标准，造价不得超过批准的限额。

工程变更会增加或减少工程量，引起工程价格的变化，影响工期，甚至质量，造成不必要的损失，因而要进行多方面严格控制，控制时可遵循以下原则：①不随意提高建设标准；②不扩大建设范围；③加强建设项目管理，避免对施工计划的干扰；④制定工程变更的相关制度；⑤明确合同责任；⑥建立严格的变更程序。

四、工程变更的处理

（一）《建设工程施工合同（示范文本）》条件下的工程变更处理

工程变更可由发包人和监理人提出。变更指示必须由监理人发出，且监理人在得到发包人同意后才能发出指示。承包人实施工程变更，应在接收到发包人签认的变更指示后进行。承包人不能擅自变更工程项目。对于设计变更，需要由设计人员提供变更后的图纸及其说明。若变更之后的设计标准超出了之前的标准，则需要发包人及时办理规划、设计变更等审批手续。

1. 工程变更的程序

工程变更程序一般由合同规定。另外合同相关各方还会基于合同规定程序制定变更管理程序，对合同规定程序进行延伸和细化，对于建设单位而言一个好的变更管理程序必须要保证变更的必要性、可控性和责权明确性，实现变更决策科学、费用计取清晰和变更执行有效。

2. 工程变更后合同价款确定的程序

《建设工程施工合同（示范文本）》中规定工程变更后估价程序如下：承包人接收到变更指示后，应在 14 天内向监理人提交变更估价申请。在监理人接收到估价申请后，应在 7 天内完成审查并发送给发包人，若监理人对该申请有建议时，应由承包人进行修改再重新提交申请。发包人接收到承包人的申请后，应在 14 天内完成审批。若发包人未在该期限内完成审批或没有提出建议，则认为发包人同意承包人的申请。

因变更引起的价格调整应计入最近一期的进度款中支付。

3. 建设工程工程量清单计价规范中工程变更后的计价

《建设工程工程量清单计价规范》（MGB50500—2013）的工程量清单计价规定为：承包人应严格按照发包人的设计图纸进行施工，若在施工阶段发现设计图纸与工程量清单中的某一项目不符，并且该差异会使工程造价发生变动，则应按照实际工程阶段的项目特征，根据工程量清单计价规范中的有关规定重新制定工程量清单中的综合单价，并对合同价款进行调整。该规范中有关合同价款的确定方法为：

（1）由工程变更造成已标价工程量清单项目或其工程数量有所改变，则应根据如下规定调整合同价款：

经工程变更的项目能在工程量清单中找到相同或类似的项目，则使用该项目的单价；若工程变更改变了项目的工程数量，增加超过 15% 的工程量时，应适当降低增加工程量的综合单价；减少超过 15% 的工程量时，应适当提高减少工程量的综合单价。

已标价工程量清单中没有适用但有类似于变更工程项目的，可在合理范围内参照类似项目的单价。

已标价工程量清单中没有适用也没有类似于变更工程项目的，承包人应按照工程变更资料、计量办法、有关部分规定的信息价格以及承包人的报价浮动率来提出工程变更项目的单价，经由发包人确认后进行调整。采用以下公式计算承包人报价浮动率：

招标工程：

承包人报价浮动率 L =（1– 中标价 / 招标控制价）× 100%

非招标工程：

承包人报价浮动率 L =（1– 报价 / 施工图预算）× 100%

已标价工程量清单中没有适用也没有类似于变更工程项目的，而且有关部门并未发布相关信息价格的情况下，承包人应根据工程变更资料、计价办法以及通过市场调查等获得市场价格来提出工程变更项目的单价，经由发包人确认后进行调整。

（2）由于工程变更造成施工方案以及措施项目出现变化，承包人应及时提出调整措施项目费的申请，向发包人提出拟实施方案，同时说明与原方案相比的具体调整。经由发承包双方确认，才能进行拟实施方案，调整措施项目费时应注意如下规定：

安全文明施工费应根据实际发生变化的措施项目按国家或省级、行业建设主管部门的规定计算。

采用单价计算的措施项目费，应按照实际发生变化的措施项目，按上条所述的规定确定单价。

根据总价计算的措施项目费，也应按照实际发生变化的措施项目进行调整，除此之外，还应根据承包人报价浮动率进行计算。

若承包人没有向发包人提出拟实施方案，即认为工程变更并未造成措施项目费调整或者承包人放弃此项权利。

（3）若并非承包人造成的，仅仅由发包人提出的工程变更，对合同中的某项工作进行了删减，由此造成承包人多支付费用或（和）减少收益。此种情况下，承包人应向发包人提出进行相应补偿。

4. 变更引起的工期调整

《建设工程施工合同（示范文本）》的通用合同条款中规定：因变更引起工期变化的，合同当事人均可要求调整合同工期，由合同当事人按合同中“商定或确定”条款规定处理，并参考工程所在地的工期定额标准确定增减工期天数。

（二）FIDIC 合同条件下的工程变更

FIDIC 合同条件规定，工程师认为有必要对工程项目的质量或数量等提出变更指令，那么就需要对其进行变更；另外，若工程师没有发布指令，那么承包商不能进行任何工程变更（工程量表上规定的增加或减少工程量除外）。

1. FIDIC 合同条件下工程变更的范围

合同履行阶段的工程变更是正常的工程管理工作，因此，工程师能够根据工程的实际情况发布变更指令，一般包括如下几方面：

（1）改变合同中涉及的工作工程量。招标阶段制定的工程量清单中的工程量是根据招标图纸的量值确定的，承包人依据该工程量编制投标文件中的施工组织及报价，因此，在具体工程实施过程中实际工程量会与计划值有一定差距。

（2）任何工作质量或其他特性的变更。

（3）工程任何部分标高、位置和尺寸的改变。

（4）删减任何合同约定的工作内容。

（5）改变原定的施工顺序或时间安排。

（6）新增工程。增加与合同规定的工作范围性质一致的工作内容，并且不能通过变更指令向承包人提出扩大施工设备范围的要求。

2. FIDIC 合同条件下工程变更的程序

在颁发工程接收证书之前，工程师都可以提出工程变更，主要通过发布工程变更指令或要求承包人提交建议书等方式进行，其主要程序为：

（1）提出工程变更要求。可以由承包人、业主或工程师提出。

（2）工程师审查变更。无论是由哪一方提出工程变更的要求，都需要工程师进行审查，在审查过程中，应及时与业主和承包人进行合理协商。

（3）编制工程变更文件。工程变更文件包括：工程变更令，介绍变更的理

由和工程变更的概况，工程变更估价及对合同价的影响；工程量清单，工程变更的工程量清单与合同中的工程量清单相同，并附工程量的计算公式及有关确定工程单价的资料；设计图纸及说明；其他有关文件。

（4）发出变更指示。工程师以书面形式发出工程变更指令。特殊情况下，工程师可以通过口头形式发出指令，并应尽快补充书面形式进行确认。

3. FIDIC 合同条件下工程变更的计价

工程变更后须按 FIDIC 合同条件的规定对变更影响合同价格的部分进行计价。如果工程师认为适当，应以合同中规定的费率及价格进行估价。

（1）变更估价原则

计算变更工程应采用的费率或价格可分为以下三种情况：

①工程量清单中有适用于变更工作的计价方法时，应采用费率来计算变更工程费用。

②工程量清单中有与变更工程同类的项目，但是其计价方法并不适用，此时应根据原单价和价格来制定合适的新单价或价格。

③工程量清单中没有与变更工程同类的项目时，应遵循与合同单价水平一致的原则来制定新的费率或价格。

为了支付方便，在费率和价格没有取得一致意见前，工程师应确定暂行费率和价格，列入期中暂付款中支付。

（2）可以调整合同工作单价的原则

若满足以下条件，则应调整某项工作的费率或单价。

①该项工作的实际工程量与工程量清单或其他报表中规定的工程量相差超过10%。

②工程量的变更与对该项工作规定的具体费率的乘积超过了接收的合同款额的0.01%。

③由此工程量的变更直接造成该项工作每单位工程量费用的变动超过1%。

（3）删减原定工作后对承包商的补偿

在工程师提出删减部分工作的指令后，承包人便停止进行该部分工作，虽然并未影响合同价格中的直接费用，但是损失了用于该部分的间接费、利润和税金。对于该项损失，承包人能够向工程师提交相关证明，经工程师与合同双方协商来确定补偿金并加入合同价中。

第二节 工程索赔

一、工程索赔的概念和分类

（一）工程索赔的概念

工程索赔是指在工程承包合同履行中，当事人一方由于另一方未履行合同所规定的义务或者出现了应当由对方承担的风险而遭受损失时，向另一方提出赔偿要求的行为。

（二）工程索赔的分类

工程索赔按不同的分类方法有所不同。

1. 按索赔有关当事人不同分类

（1）承包人同业主之间的索赔。最常见的是承包人向业主提出的工期索赔和费用索赔。

（2）总承包人和分包人之间的索赔。总承包人和分包人，按照他们之间所签订的分包合同，都有向对方提出索赔的权利，以维护自己的利益，获得额外开支的经济补偿。

2. 按索赔目的分类

（1）工期索赔。承包人向发包人要求延长工期，合理顺延合同工期。由于合理的工期延长，可以使承包人免于承担误期罚款（或误期损害赔偿金）。

（2）费用索赔。承包人要求取得合理的经济补偿，即要求发包人补偿不应该由承包人自己承担的经济损失或额外费用，或者发包人向承包人要求因为承包人违约导致业主的经济损失补偿。

3. 按索赔的处理方式分类

单项索赔采取的是一事一索赔的方式，也就是说，在履行合同的过程中，某一干扰事件发生时，或发生后立即进行索赔，具体包括在合同规定的有效期内，提交索赔通知书，编报索赔报告书等来要求进行单项解决支付。

总索赔又叫一揽子索赔或综合索赔。一般在工程竣工前，承包商将施工过程中未解决的单项索赔集中起来，提出一篇总索赔报告。合同双方在工程交付前后进行最终谈判，以解决索赔问题。

二、工程索赔的处理原则

（一）必须按照合同进行索赔

不论是由于风险因素造成的，还是由于当事人未按照合同实施工程，都应该从合同中找到一定依据。不过，有些依据是隐含在合同中的，工程师需要根据合同和实际情况进行索赔。不同的合同条件中具有不同的依据，例如由于不可抗力造成的索赔，《建设工程施工合同（示范文本）》条件下，承包人的机械设备损坏由承包人承担，不需要向发包人索赔；FIDIC 合同条件下，由于不可抗力造成的损失需要由业主承担。在签订具体的合同时，又具有不同的协议条款，这样索赔的依据就相差更大了。

（二）及时、合理地处理索赔

发生索赔事件后，应及时提出索赔，并及时进行索赔处理。若不及时进行索赔，那么会使双方遭受不利影响，例如承包人的索赔长期得不到有效解决，那么会造成资金困难，阻碍工程进度，从而不利于合同双方。

处理索赔时还应依据合理性，不仅要依据国家的相关法律法规，还要考虑工程的具体情况，如承包人提出索赔要求，机械停工按照机械台班单价计算损失显然是不合理的，因为机械停工不发生运行费用。

（三）加强主动控制，减少工程索赔

在工程管理过程中，应事先做好工作，尽量控制索赔事件的发生。这样能够使工程更顺利地进行，减少工程投入、缩短工程时间。

三、工程索赔的计算

（一）工期索赔的计算

通常情况下，工期索赔指的是承包人在合同的指导下，对由于非自身原因造成的工期延误向发包人提出的工期顺延要求。

工期索赔的计算方法主要有以下几种：

1. 直接法

若某一干扰事件发生在关键项目上，因此延误了总工期，应把干扰事件造成的延误时间当作工期索赔值。

2. 比例计算法

其计算公式为：

工期索赔值 = 受干扰部分工程的合同价 / 原合同总价 × 该受干扰部分工期拖延时间

对于已知额外增加工程量的价格，则工期索赔值 = 额外增加的工程量的价格 / 原合同总价 × 原合同总工期。

此种方法较为简单，不过也存在与实际不相符的情况。对于变更施工顺序、加速施工、删减工程量等并不采用该方法。另外，还须明确产生工期延误的责任归属。

3. 网络图分析法

该法是依据进度计划的网络图，对关键线路进行分析。若延误了关键工作，那么延误的时间即为工期索赔值；若延误的不属于关键工作，由于延误超过时差从而看作关键工作

后，工期索赔值为延误时间与时差的差值；若工作延误后并未成为关键工作，那么就不用进行工期索赔。

（二）索赔费用的计算

1. 索赔费用的组成

索赔费用的组成部分与施工承包合同价所包含的内容相似，也是由直接费、间接费、利润和税金组成，但国际通行的可索赔费用与此是有区别的，主要是建筑安装工程直接费。

2. 索赔费用的计算方法

应依据赔偿实际损失来计算索赔费用，这里的损失可分为直接损失和间接损失。具体来说，有以下几种计算方法：

（1）实际费用法：其是工程索赔计算时最常用的一种方法。

具体的计算过程为，首先分别根据各索赔事件造成的损失计算相应的

索赔值，然后汇总各索赔值，即为总索赔费用。该方法依据承包人对某项索赔项目的实际支出进行索赔，并且仅包括由索赔事项造成的、在原计划之外的支出，因此又称作额外成本法。这种方法比较复杂，但能客观地反映施工单位的实际损失，比较合理，易于被当事人接受，在国际工程中被广泛采用。

（2）总费用法，又称作总成本法。该方法是在发生多起索赔事件后，计算工程的实际总费用，再用该费用减去投标报价估算的总费用，该差值就是索赔值。其计算公式为：

索赔金额 = 实际总费用 – 投标报价估算总费用

（3）修正总费用法，此法是对总费用法的完善，具体来说，是在总费用计算的基础上，除去部分不确定因素，进而对总费用法做出调整，使索赔费用的计算更加合理。其计算公式为：

索赔金额 = 某项工作调整后的实际总费用 – 该项工作的报价费用

第三节 工程价款结算

工程价款结算是指承包商在工程实施过程中，依据承包合同中有关付款条款的约定和已经完成的工程量，并按照规定的程序向业主收取工程款的一项经济活动。

一、概述

（一）工程价款的结算方式

我国现行工程价款结算根据不同情况可采取多种方式，见表 6–1。

表 6–1 工程价款的结算方式

结算方式	说明	应用条件	
按月结算	在旬末或月中预支，月中结算，竣工后清理		
竣工后一次性结算	每月月中预支，在合同完成后由承包人与发包人进行结算，工程价款为合同双方结算的合同价款总额	工程建设项目或单项工程的全部建设期不超过 12 个月，或工程承包合同价不超过 100 万元	
分段结算	根据工程进度划分的不同阶段进行结算。分段标准由直辖市、自治区、省的有关部门规定	当年开工、当年不能竣工的单项工程或单位工程	
按目标结算方式	将工程的具体内容分解为不同验收单元，在承包人完成单元工程且由监理工程师验收合格后，由业主支付相应的工程价款	在合同中应明确设定控制面，承包商要想获得工程款，必须按照合同约定的质量标准完成控制面工程内容	
其他方式		双方事先约定	

（二）工程价款的支付过程

在实际工程中，工程价款的支付不可能一次完成，一般分为三个阶段，即开工前支付的工程预付款、施工过程中的中间结算和工程完工、办理完竣工手续后的竣工结算。

二、工程预付款及其计算

（一）工程预付款的性质

施工企业承包工程一般实行包工包料，这就需要有一定数量的备料周转金。工程预付款是指在开工前发包人提前拨付给承包单位的，用于购买施工所需的材料和构件，保证工程正常开工的一定数额的备料款，又称预付备料款。

签订工程承包合同时，应标明发包人在施工前须拨付给承包人的工程预付款。该款项作为工程的流动资金用于为承包工程提供主要材料和结构件等，仅用于施工开始时的动员费用。若出现承包人滥用该款项的情况，那么发包人有权收回。

（二）工程预付款的限额

工程预付款的额度按各地区、部门的规定并不完全相同，决定工程预付款限额的主要因素有：主要材料占工程造价的比重、材料储备期、施工工期、建筑安装工程量等，一般根据这些因素测算确定。

1. 在合同条件中约定

发包人根据工程的特点、工期的长短、市场行情、供求规律等因素，在进行招标时应在合同中确定工程预付款的百分比。

对于包工包料的工程，应按照合同中的规定拨付款项，通常来说，预付款的百分比不能低于合同金额的 10%，不能高于合同金额的 30%。对于重大的工程项目，应根据年度计划按年支付工程预付款。

2. 公式计算法

利用主要材料占年度承包工程总价的比重、材料储备定额天数和年度施工天数等，通过公式计算工程预付款。计算公式如下：

$$\text{工程预付款数额}=\frac{\text{工程总价}\times\text{主要材料比重}}{\text{年度施工天数}}\times\text{材料储备定额天数}$$

$$\text{工程预付款比率}=\frac{\text{工程预付款数额}}{\text{工程总价}}\times 100\%$$

一般情况下，年度施工天数为 365 天，材料储备定额天数受当地材料供应的在途天数、加工天数、整理天数、供应间隔天数、保险天数等因素影响。

（三）工程预付款的拨付时限

工程预付款的支付时间和金额应符合工程合同的规定，在施工开始后，在约定的时间按比例逐次扣回。具体拨款时间不能晚于约定开工时间的前 7 天，如果发包人没有按时拨付预付款，承包人可在约定时间 10 天后向其发出预付通知。发包人收到通知后并未按要求预付，承包人可在发出通知 14 天后停止施工，发包人应从约定应付之日起向承包人支付应付款的贷款利息，并承担违约责任。

（四）工程预付款的扣回

发包人拨付给承包商的工程预付款属于预支的性质。开工后，随着工程储备材料的减少，需要以抵充工程款的形式陆续扣回。预付款开始扣回的时间即为起扣点，通常按照以下方法进行计算：

方法一：从未施工工程所需主要材料的价值与预付备料款额相当时开始扣回，在结算的工程款项中按材料的比重抵扣工程价款，并在竣工前扣清。

未完工程材料款 = 预付备料款

未完工程材料款 = 未完工程价值 × 主材比重 =（合同总价—已完工程价值）× 主材比重预付备料款 =（合同总价—已完工程价值）× 主材比重

$$已完工程价值(起扣点) = 合同总价 - \frac{预付备料款}{主材比重}$$

可表示为：

$$T = P - \frac{M}{N}$$

式中，T 为起扣点，也就是预付备料款开始扣回时累计完成的工作量金额；M 为预付备料款限额；N 为主要材料所占比重；P 为承包工程价款总额。

方法二：在承包人完成工程的金额占合同总价的比重达到一定值（该值由双方协商确定）后，由发包人从应付给承包人的工程款项中扣回，且应在约定的完工期前三个月以逐次分摊的方法进行，以使承包商将预付款还清。

当工程款支付达到起扣点后，从应签证的工程款中按材料比重扣回预付备料款。若发包人向承包人支付的价款低于合同规定扣回的金额时，应在下次支付时作为债务结转补齐差额。

三、工程进度款结算

施工企业在施工过程中，按每个月完成的工程量计算工程的各项费用，并采用规定的结算方式，向建设单位办理工程进度款结算，也就是中间结算。

（一）工程进度款结算过程

工程进度款的结算步骤为：

1. 根据每月所完成的工程量依照合同计算工程款。

2. 计算累计工程款。如果累计的工程款低于起扣点，那么根据工程量计算出的工程款就是应支付的工程款；如果累计的工程款高于起扣点，那么按照下面的公式计算应支付的工程款。

累计工程款超过起扣点的当月应支付工程款 = 当月完成工作量 -

（截至当月累计工程款—起扣点）× 主要材料所占比重

累计工程款超过起扣点以后各月应支付的工程款 = 当月完成的工作量 ×（1- 主要材料所占比重）

3. 中间结算主要由工程量的确认和合同收入组成。

（二）工程进度款支付要点

在工程进度款支付过程中，应掌握以下要点：

1. 工程量的确认

承包人应在合同规定的时间内向监理工程师提交已完成工程量的报告。工程师应在收到报告后的 14 天内依据设计图纸进行计量（核实已完成的工程量），须在计量前 24 小时通知承包人，由承包人提供便利条件来协助计量工作。承包商收到通知不参加计量的，计量结果有效，据此来支付工程价款。

工程师在收到报告后 14 天内没有进行计量，从第 15 天起，承包人提交的工程量即为被确认的工程量，据此来支付工程价款。工程师没有及时通知承包人，使后者没有进行计量，那么得到的计量结果视为无效。

承包商超出设计图纸范围和因承包人原因造成返工的工程量，工程师不予计量。因为这部分的施工是承包商为保证质量而采取的技术措施，费用由施工单位自己承担。

2. 合同收入组成

按中华人民共和国财政部制定的《企业会计准则第 15 号——建造合同》的规定，建设工程合同收入由合同中规定的初始收入和由于各种原因造成的追加收入两部分组成。追加收入并没有包含在合同金额中，故在计算保修金等利用合同金额进行计算的款项时，不能考虑此部分收入。

3. 保修金的扣除

在合同中应规定出工程造价中预留的尾留款来做质量保修费用，即为保修金。通常应在结算过程中扣除保修金，其扣除方式包含以下两种，这里以保修金占合同总额的 5% 进行计算。

方式一：先进行正常结算，当结算的工程进度款占合同金额的 95% 时，则停止支付，剩下的部分为保修金。

方式二：先扣除保修金，直到全部扣完，具体来说，是从第一次支付工程进度款时即根据合同的规定扣除一定比例的保修金，直至扣除的金额达到合同总额的5%。

四、工程竣工结算

工程竣工结算指的是施工方完成合同规定的工程项目，验收合格后，向发包人进行的最终工程价款结算。

（一）工程竣工结算过程

1. 承包人向发包人提交工程竣工验收报告并得到其认可的28天内，还须提交竣工结算报告及结算资料，由双方根据约定的合同价款进行工程竣工结算。

2. 发包人在接收到承包人提交的结算资料28天内进行审核，进行确认或提出修改建议。承包人在收到竣工计算价款的14天内向发包人交付竣工工程。

3. 发包人在接收到承包人提交的结算资料28天内，若没有正当理由而未支付竣工结算价款，则从第29天开始应按承包人向银行贷款的利率来支付拖欠的工程价款利息，进而承担相应的违约责任。

4. 发包人在接收到承包人提交的结算资料28天内不支付工程竣工结算价款，承包人能够向发包人催告结算价款。若发包人在接收到结算资料的56天内仍未支付，承包人可以与发包人进行协商将工程折价，或由承包人向法院申请拍卖该工程，工程折价或拍卖的价款应优先赔偿给承包人。

5. 发包人确认工程竣工验收报告的28天后，承包人未向发包人提交竣工计算报告及结算资料，造成竣工结算不能正常进行或竣工结算价款不能及时支付。若发包人要求交付工程，则承包人应当交付；若发包人不要求交付工程，则由承包人进行保管。

（二）工程竣工结算价款的计算

按照下式计算工程竣工结算价款：

工程竣工结算价款 = 合同价款 + 施工过程中预算或合同价款调整数额 – 预付及已结算工程价款 – 保修金

五、工程价款的动态结算

由于工程建设项目需要的时间较长，在建设期内会受到多种因素的影响，具体包括人工、材料、施工机械等因素。进行工程价款结算时，应综合考虑多种动态因素，来反映工程项目的实际消耗费用。

下面介绍几种常用的动态调整方法。

（一）实际价格结算法

实际价格结算法，又称票据法，也就是施工企业凭发票报销的方法。采用该法，并不利于承包人降低成本。因此，通常由地方主管部门定期公布最高结算限价，并在合同中规定建设单位有权要求承包人选择更低廉的供应来源。

（二）工程造价指数调整法

采取当时的预算或概算单价来确定承包合同价，等到工程结束时，根据合理的工期和当地工程造价管理部门制定的工程造价指数，对合同价款进行调整。

（三）调价文件计算法

调价文件计算法是指按当时预算价格承包，在合同期内，按造价管理部门文件的规定，或由定期发布的主要材料供应价格和管理价格进行补差的方法。其计算公式为：

调差值 = ∑各项材料用量 ×（结算期预算指导价 – 原预算价格）

（四）调值公式法

在国际上，通常采用调值公式法进行工程价款结算。在合同中应给出调值方式，据此来调整价差。

建筑安装工程调值公式一般包括人工、材料、固定部分。

$$P = P_0\left(a_0 + a_1\frac{A}{A_0} + a_2\frac{B}{B_0} + a_3\frac{C}{C_0} + a_4\frac{D}{D_0}\right)$$

式中，P 为调值后合同价或工程实际结算价款；P_0 为合同价款中工程预算进度款；a_0 为合同固定部分、不能调整的部分占合同总价的比重；a_1，a_2，a_3，a_4 为调价部分（人工费用、钢材、水泥、运输等各项费用）在合同总价中所占的比例；A_0，B_0，C_0，D_0 为基准日对应各项费用的基准价格指数或价格；A，B，C，D 为调整日期对应各项费用的现行价格指数或价格。

第四节 投资偏差分析

一、偏差

在工程施工阶段，在随机因素和风险因素的作用下，通常会使实际投入与计划投入、实际工程进度与计划工程进度产生差异，前者称为投资偏差，后者称为进度偏差。

投资偏差 = 已完工程实际投资 - 已完工程计划投资

= 实际工程量 ×（实际单价 - 计划单价）进度偏差 = 已完工程实际时间 - 已完工程计划时间

为了与投资偏差联系起来，进度偏差也可表示为：

进度偏差 = 拟完工程计划投资 - 已完工程计划投资 =（拟完工程量—实际工程量）× 计划单价

当投资偏差计算结果为正值时，表示投资增加；计算结果为负值时，表示投资节约。当进度偏差计算结果为正值时，表示工期拖延；计算结果为负值时，表示工期提前。

二、偏差分析方法

常用的偏差分析方法有如下几种：

（一）横道图分析法

用横道图法进行造价偏差分析，是用不同的横道标识已执行工作预算成本（BCWP，已完工程计划造价）、计划执行预算成本（BCWS，拟完工程计划造价）和已执行工作实际成本（ACWP，已完工程实际造价）。

在实际工程中，有时需要根据拟完工程计划投资和已完工程实际投资确定已完工程计划投资后，再确定投资偏差、进度偏差。

（二）时标网络图法

在双代号网络图中，利用水平时间坐标代表工作时间，其具体单位包括天、周、月等。通过时标网络图能够掌握各时间段的拟完工程计划投资；根据实际施工情况可以得到已完工程实际投资；利用时标网络图中的实际进度前锋线并经过计算，可以得到每一时间段的已完工程计划投资；最后再确定投资偏差、进度偏差。

（三）表格法

表格法是进行偏差分析最常用的一种方法，应依据工程的实际情况、数据来源、投资控制的有关要求等来设计表格。制得的投资偏差分析表可反映各类偏差变量和指标，进而便于相关人员更加全面地把握工程投资的实际情况。此法具有灵活、适用性强、信息量大、便于计算机辅助造价控制等特点。

（四）挣值法

挣值法是度量项目执行效果的一种方法。它的评价指标常通过曲线来表示，所以在一些书中又称之为曲线法。该法是用投资时间曲线（S形曲线）进行分析的一种方法，通常有三条曲线，即已完工程实际投资曲线、已完工程计划投资曲线、拟完工程计划投资曲线。已完实际投资与已完计划投资两条曲线之间的竖向距离表示投资偏差，拟完计划投资与已完计划投资曲线之间的水平距离表示进度偏差。

1.挣值法的三个基本参数

（1）计划执行预算成本（Budgeted Cost of Work Scheduled，BCWS），也称为拟完工程计划造价。

BCWS是指项目实施过程中某阶段计划要求完成的工作量所需的预算（计划）费用。计算公式如下：

BCWS=计划工作量 × 预算（计划）单价

BCWS可反映进度计划应当完成的工作量的预算（计划）费用。

（2）已执行工作实际成本（Actual Cost of Work Performed，ACWP），也称为已完工程实际造价。

ACWP是指项目实施过程中某阶段实际完成的工作量所消耗的费用。计算公式如下：

ACWP=已完工程量 × 实际单价

ACWP主要反映项目执行的实际消耗指标。

（3）已执行工作预算成本（Budgeted Cost of Work Performed，BCWP），也称为已完工程计划造价。

BCWP是指项目实施过程中某阶段实际完成工作量按预算（计划）单价计算出来的费用。计算公式如下：

BCWP= 已完成工作量 × 预算（计划）单价

2. 挣值法的四个评价指标

（1）费用偏差（Cost Variance，CV）。CV 是指检查期间 BCWP 与 ACWP 之间的差异，计算公式如下：

CV=BCWP−ACWP

当 CV 为负值时，表示执行效果不佳，即实际消耗费用超过预算值，也就是超支。

当 CV 为正值时，表示实际消耗费用低于预算值，即有节余或效率高。

当 CV 等于零时，表示实际消耗费用等于预算值。

（2）进度偏差（Schedule Variance，SV）。SV 是指检查日期 BCWP 与 BCWS 之间的差异。计算公式如下：

SV=BCWP−BCWS

当 SV 为正值时，表示进度提前；

当 SV 为负值时，表示进度延误；

当 SV 为零时，表示实际进度与计划进度一致。

（3）费用执行指标（Cost Performed Index，CPI）。CPI 是指预算费用与实际费用之比。计算公式如下：

CPI=BCWP/ACWP

当 CPI ＞ 1 时，表示实际费用低于预算费用；

当 CPI ＜ 1 时，表示实际费用高于预算费用；

当 CPI=1 时，表示实际费用与预算费用相当。

（4）进度执行指标（Schedul Performed Index，SPI）。SPI 是指项目挣得值与计划之比。计算公式如下：

SPI=BCWP/BCWS

当 SPI ＞ 1 时，表示实际进度比计划进度快；

当 SPI ＜ 1 时，表示实际进度比计划进度慢；

当 SPI=1 时，表示实际进度等于计划进度。

3. 挣值法评价曲线

图的横坐标表示时间，纵坐标则表示费用。图中 BCWS 按 S 形曲线路径不断增加，直至项目结束达到它的最大值，可见 BCWS 是一种 S 形曲线。ACWP 同样是进度的时间参数，随项目推进而不断增加，也是 S 形曲线。

CV ＜ 0，SV ＞ 0，表示项目执行效果不佳，具体体现为费用超支，进度延误，应采取相应的补救措施。

三、投资偏差产生的原因及纠正措施

（一）引起投资偏差的原因

1. 客观原因。包括人工、材料费涨价，自然条件变化，国家政策法规变化等。

2. 业主意愿。包括投资规划不当、建设手续不健全、因业主原因变更工程、业主未及时付款等。

3. 设计原因。包括设计错误、设计变更、设计标准变更等。

4. 施工原因。包括施工组织设计不合理、质量事故等。

（二）偏差类型

偏差分为以下四种形式：

1. 投资增加且工期拖延。该类型是纠正偏差的主要对象。

2. 投资增加但工期提前。对于此类情况，应注意工期提前会带来的效益；若增加的投资超过增加的收益，应该进行纠偏；若增加的收益超过增加的投资或大致相同，那么就不需要进行纠偏。

3. 工期拖延但投资节约。此类情况下是否采取纠偏措施要根据实际需要确定。

4. 工期提前且投资节约。此类情况是最理想的，不需要采取任何纠偏措施。

（三）纠偏措施

1. 组织措施

组织措施指的是进行投资控制的组织管理层面实施的措施。例如，合理安排负责投资控制的机构和人员，明确投资控制人员的任务、权利和责任，完善投资控制的流程等。

2. 经济措施

需要采取的经济措施，既包括对工程量和支付款项进行审核，也包括审查投资目标分解的合理性、资金使用计划的保障性和施工进度计划的协调性。除此之外，还可以利用偏差分析和工程预测来及时发现潜在问题，采取相应的预防措施，更加主动地进行造价控制。

3. 技术措施

采取不同的技术措施会带来不同的经济效果。具体来说，通过不同的技术方案来开展技术经济分析，从而做出正确选择。

4. 合同措施

采用合同措施进行纠偏，即进行索赔管理。无论进行哪一工程项目，都有可能发生索赔事件，在发生此类事件后，应确定索赔依据是否满足合同的要求，有关计算是否合理。

第七章　竣工阶段的工程造价管理

第一节　竣工验收

一、竣工验收的概念

建设项目竣工验收指的是承包人按施工合同完成了工程项目的全部任务，经检验合格，由发包人、承包人和项目验收委员会，依据设计任务书、设计文件以及国家或部门颁发的施工验收规范和质量检验标准，对工程项目进行检验、综合评价和鉴定的过程。竣工验收是建设项目的最后一个环节，是全面检验建设工作、审查投资使用合理性的重要环节，是投资成果转入生产或使用的标志性阶段。

二、工程竣工验收的范围及依据

（一）工程竣工验收的范围

国家颁布的建设法规指出，凡是新建、扩建及改建的建设项目和技术改造项目，按照符合国家标准的设计文件完成了工程内容，工业投资项目通过负荷试车，能够生产出合格的指定产品；非工业投资项目达到设计要求，可以正常使用，这两类工程项目都应进行及时验收，完成固定资产移交手续。

（二）工程竣工验收的依据

竣工验收的主要依据包括：

①经批准的与项目建设相关的文件，包括可行性研究报告、初步设计、技术设计等。②工程设计文件，包括施工图纸及说明、设备技术说明书等。③国家颁布的各种标准和规范。④合同文件，包括施工承包的工作内容和要求，以及施工过程中的设计修改变更通知书等。

三、工程竣工验收的方式与程序

（一）建设项目竣工验收的方式

建设项目的竣工验收应遵循一定的程序，按照建设项目总体计划的要求及施工进展的实际情况分阶段进行。根据竣工验收对象的不同，主要包括如下几种竣工验收：

1. 单位工程竣工验收（中间验收）

单位工程竣工验收指的是承包人针对单位工程，独立签订建设工程施工合同，在满足竣工要求后，承包人能单独进行交工；业主则按照竣工验收的依据和标准，对合同中规定的内容进行竣工验收。由监理单位组织业主和承包人共同参与竣工验收。根据此阶段的验收资料可进行最终验收。按照施工承包合同的约定，施工完成到某一阶段后要进行中间验收，以及主要的工程部位施工在完成隐蔽前须进行验收。

2. 单项工程竣工验收（交工验收）

单项工程竣工验收指的是在总体工程建设项目中，已按照设计图纸完成了某一个单项工程的内容，且具备使用条件或能够生产指定的产品。此时，承包人会向监理单位交出工程竣工报告和报验单，待确认后向业主发出交付竣工验收通知，应说明工程完工情况、竣工验收准备情况、设备无负荷单机试车情况，规定此阶段涉及的工作活动。需要注意的是，该阶段的工作由业主组织，施工单位、监理单位、设计单位及使用单位等有关部门均须参与。

通过投标竞争承包的单项工程，应依据合同规定，由承包人向业主发出交付竣工验收通知请求组织验收。

3. 工程整体竣工验收（动用验收）

工程整体竣工验收指的是已按合同规定完成全部建设项目，并满足竣工验收要求，由发包人组织设计、施工、监理等单位和档案部门在单位工程、单项工程竣工验收合格的基础上进行的活动。对于大中型和超过限额的项目由国家发改委或由其委托项目主管部门或地方政府部门进行验收工作；对于小型和没达到限额的项目由项目主管部门进行验收工作。

（二）建设项目竣工验收的程序

在完成建设项目的建设内容后，各单项工程具备验收条件的情况下，编制有关文件（包括竣工图表、竣工决算、工程总结等），承包人向验收部门申请进行交工验收，由后者按照一定程序对建设项目进行验收。

1. 承包人申请交工验收

已建项目达到了合同中规定的建设内容或移交项目的条件时，便能申请进行交工验收。在建设项目满足竣工要求时，需要对其开展预检验，确保工程质量合格。如不符合要求，应确定相应的补救措施，并进行适当修补。进行以上操作后，应编制相关文件，由承包人提出交工验收的申请。

2. 监理工程师现场初验

监理工程师审查初验报告，进行现场初步验收，主要检验工程的质量是否符合要求以及相关文件是否齐全等。若检查出了任何问题，应将其形成书面文件，下发给承包人，由承包人针对该问题进行整改，问题较为严重时则需要返工。在承包人完成整改工作后，监理工程师再次进行检验，若检验合格，则签署初验报告单，并进行工程质量评估。

3. 正式验收

由业主或监理工程师组织，业主、监理单位、设计单位、施工单位、工程质量监督站等部门共同参与正式验收的过程，其具体工作程序为：

（1）检查竣工工程，核对相应的工程资料。

（2）举行现场验收会议。

（3）办理竣工验收签证书，签字盖章。

4. 单项工程验收

单项工程验收，又称交工验收，依据国家颁布的技术规范和施工承包合同进行验收。应检查以下几点：

（1）检查、核实准备发给发包人的技术资料的完整性和准确性。

（2）根据合同和设计文件，检查已完工程是否有遗漏项。

（3）检查工程质量、关键部位施工与隐蔽工程的验收情况。

（4）检查试车记录及过程中出现的问题是否需要修改。

（5）在验收过程中，如果有需要修改、返工的，应该规定具体的完成期限。

（6）其他问题。

工程项目通过验收，由合同双方签订交工验收证书。发包人汇总技术资料、试车记录和验收报告等上交主管部门，一经审批便可以使用。一般来说，通过单项工程验收的工程，在下一阶段的全部工程竣工验收时，可不进行进一步的验收操作。

5. 全部工程的竣工验收

进行全部工程的竣工验收时，具体包括以下几方面：

（1）发出竣工验收通知书。

（2）组织竣工验收。

（3）签发竣工验收证明书。

（4）进行工程质量评定。

（5）整理各种技术文件材料。

（6）办理固定资产移交手续。

（7）办理工程决算。

（8）签署竣工验收鉴定书。

四、竣工验收管理

（一）工程竣工验收报告

工程竣工验收应依据经审批的建设文件和工程实施文件，满足国家法律法规及相关部门对竣工条件的规定和合同中规定的验收要求，提出《工程竣工验收报告》，由承包人、发包人及项目相关组织签署意见，并进行签名、加盖单位公章。

由于各地工程竣工验收具有不同的专业特点和工程类别，故其具有不同的验收报告格式。

（二）工程竣工验收管理

1. 国务院建设行政主管部门监督管理全国工程竣工验收。

2. 县级以上地方人民政府建设行政主管部门监督管理所在行政区域内的工程竣工验收，并委托工程质量监督机构实施监督。

3. 建设单位组织工程竣工验收。

4. 工程竣工验收的具体监督范围包括工程竣工验收的组织形式、验收程序、执行验收标准等，若存在不符合建设工程项目质量管理规定的情况，应令其进行整改。工程竣工验收的监督情况是工程质量监督报告的重要内容。

第二节 竣工决算

一、竣工决算的概念与作用

（一）竣工决算的概念

竣工决算是综合了建成项目从筹建之初到投入使用全过程的建设费用、建设成果以及财务状况的总结性文件，是组成竣工验收报告的重要内容。进行竣工决算，既可以准确反映建设工程的实际造价和投资结果，便于业主掌握工程投资金额；又可以将其与概算、预算进行对比，进而考核投资管理的效果，从中吸取经验教训，积累技术经济方面的基础资料，为以后提高工程项目的投资效益打下基础。因此，竣工结算能够反映建设工程的经济效益，便于项目负责人核定各类资产的价值，办理建设项目的交付使用。

（二）竣工决算的作用

竣工决算对建设单位具有重要作用，具体表现在以下几方面：

1. 竣工结算利用货币指标、实物数量、建设工期和各种技术经济指标，全面地反映工程项目自建设初期到竣工的全部建设成果以及财务状况。

2. 竣工决算是办理交付使用资产的依据，也是组成竣工验收报告的重要内容。在承包人与业主办理交付资产验收的交接手续时，可以从竣工决算掌握交付资产的全部价值。

3. 通过竣工结算来审查设计概算的执行效果，考核投资控制的效益。

二、竣工决算的内容

工程建设项目的竣工决算包括从筹建到竣工全过程的实际投入金额，具体为建筑安装工程费、设备工器具购置费、预备费及其他费用等。

（一）竣工财务决算说明书

竣工财务决算说明书可反映竣工项目的建设成果，能够对竣工决算报表进行补充说明，能用于考核分析工程投资与造价，具体内容主要有如下几项：

1. 建设项目概况。

2. 资金来源及使用等财务分析。

3. 基本建设收入、投资包干结余、竣工结余资金的上交分配情况。

4. 各项经济技术指标的分析。

5. 工程建设的经验及项目管理和财务管理工作以及竣工财务决算中有待解决的问题。

6. 需要说明的其他事项。

（二）竣工财务决算报表

根据财政部印发的有关规定和通知，建设项目竣工财务决算报表应根据大、中型建设项目和小型项目分别制定。

1. 建设项目竣工财务决算审批表该表在此分段是用于竣工决算时上报有关部门的建设

项目竣工财务决算审批表，适用于大、中、小型项目，具体格式是按大、中型及小型工程项目的审批要求进行设计的。对于地方级项目，有权根据审批要求进行合理修改。

2. 大、中型建设项目概况表

该表综合反映大、中型建设项目的基本概况，可用于全面考核和分析投资效益。

3. 大、中型建设项目竣工财务决算表

该表应在编制项目竣工年度财务决算的基础上，依据项目竣工年度财务决算和历年的财务决算来编制大、中型建设项目竣工财务决算。

4. 大、中型建设项目交付使用资产总表

该表主要体现了项目进行交付时固定资产、流动资产、无形资产和其他资产价值的情况，可用于进行财产交接、检查投资计划完成情况和分析投资效果。

5. 建设项目交付使用资产明细表

该表详细记录了交付使用的固定资产、流动资产、无形资产和其他资产及其价值。大、中、小型工程项目均应使用此表。

6. 小型建设项目竣工财务决算总表

对于小型建设项目来说，其涉及的内容较少，故通常将该工程的概况与财务情况编制为小型建设项目竣工财务决算总表，从而体现小型建设项目的工程和财务情况。

（三）建设工程竣工图

建设工程竣工图是用于记录各种建筑物和构筑物等情况的技术文件，是进行交工验收、维护、改建和扩建的依据，是技术档案中不可缺少的部分。该图的编制离不开建设、设计、施工单位和各主管部门的共同参与。根据国家的有关规定，对于各项新建、扩建、改建的基本建设工程，特别是基础、地下建筑、管线、结构、港口、水坝、桥梁、井巷以及设备安装等隐蔽部位，都应该绘制详细的竣工平面示意图。为了提供真实可靠的资料，在施工过程中应及时对这些隐蔽工程进行检查记录，整理好设计变更文件。不同工程建设项目的竣工图具有不同形式和深度，在编制时，应注意以下几点：

1. 对于按照原施工图竣工的建设工程，由承包人在原施工图上加盖“竣工图”标志，即为竣工图。

2. 在施工过程中，对原施工图进行了一般性设计变更，且不需要重新绘制施工图，仅需要在原施工图上进行修改补充来作为竣工图。具体来说，应由承包人在原施工图上注明修改的部分，并补充设计变更通知单和施工说明，加盖“竣工图”标志。

3. 在施工过程中，对结构形式、施工工艺、平面布置、项目等进行了调整，以及出现其他重大调整，不能对原施工图进行修改、补充，则需要绘制实际的竣工图。

4. 为了达到进行竣工验收和竣工决算的要求，还须绘制反映竣工工程整体情况的工程设计平面图。

5. 若重大的改建、扩建项目中存在原有工程项目变更，那么需要把涉及项目的竣工图进行统一归档，并在原图案卷内增补必要的说明一起归档。

三、竣工决算的编制

（一）竣工决算的编制依据

1. 经批准的可行性研究报告及投资估算。

2. 招投标标底价格、承包合同、工程结算资料。

3. 设计交底或图纸会审纪要。

4. 施工记录、施工签证单及其他施工费用记录。

5. 竣工图及竣工验收资料。

6. 历年基建资料、历年财务决算及批复文件。

7. 设备、材料调价文件及记录。

8. 有关财务制度及其他相关资料。

（二）竣工决算的编制程序

1. 收集、整理和分析原始资料

在编制竣工决算文件前，应收集、整理出相关的技术资料、经济文件、施工图纸和变更资料等，并分析所有资料的准确性。

2. 清理各项财务、债务和结余物资

在进行上一步骤的同时，应注意收集建设项目从开始筹建到竣工投产过程中全部费用的各项账务、债权和债务，使工程结束后账目清晰明了；既要审核账目，又要清点结余物资的数量，使账与物相等、账与账相符；逐项清点核实结余的材料和设备，按规定进行妥善处理。全面清理各种款项，有利于保证竣工决算的准确性。

核实工程建设项目中的单位工程及单项工程造价，将竣工资料与原设计图进行核实，若有需要可进行实地测量，进一步确认实际变更情况；在承包人提交的竣工结算的基础上，对原概算、预算进行适当的调整，重新核定工程造价。

3. 填写竣工决算报表

按照建设工程决算表格中的内容，根据编制依据中的有关资料进行统计或计算各个项目和数量，并将结果填到相应表格的栏目内，完成所有报表的填写。

4. 编制建设项目竣工决算说明书

按照建设项目竣工决算说明的内容要求，根据编制依据材料填写在报表中的结果，编写文字说明。

5. 上报主管部门审查

审核以上步骤中的文字说明和表格，若确定无误后将其装订成册，即编制成建设工程竣工决算文件。由建设单位负责组织人员编写竣工决算文件，且须在竣工建设项目办理验收使用一个月之内完成。将该文件提交给主管部门进行审查，财务成本部分须由开户银行签证。除此以外，还须抄送给相关设计单位。尤其是对于大、中型建设项目来说，还应将竣工决算文件抄送给财政部、中国建设银行总行和省、市、自治区的财政局和中国建设银行分行。

四、新增资产价值的确定

（一）新增资产价值的分类

当建设项目投入生产后，其建设过程中投入的金额会形成一定的资产。根据新的财务制度和企业会计准则，可将新增资产价值分为以下几类：

1. 固定资产

固定资产是指使用超过一年的房屋、建筑物、机器、机械、运输工具以及其他与生产经营活动有关的设备、工器具等；不属于生产经营主要设备，但单位价值在 2000 元以上且使用年限超过两年的也应作为固定资产。新增固定资产价值的计算是以独立发挥生产能力的单项工程为对象，其内容包括工程费（建筑安装工程费、设备购置费）、形成固定资产的工程建设其他费、预备费和建设期利息。

2. 流动资产

流动资产指的是在一年或超过一年的营业周期内变现或运用的资产，具体包括货币性资金、应收及预付款项、短期投资、存货等。

3. 无形资产

在财政部和国家知识产权局的指导下，中国资产评估协会于 2008 年制定了《资产评估准则——无形资产》，自 2009 年 7 月 1 日起施行。根据上述准则规定，无形资产指的是受特定主体控制，不以实物形式存在，且可以为生产经营带来经济利益的资产。具体包括生产许可证、特许经营权、商标权、版权、专利权、非专利技术等。

4. 其他资产

其他资产是指不能全部计入当期损益，应当在以后年度分期摊销的各项费用。其他资产内容包括生产准备费及开办费、图纸资料翻译复制费、样品样机购置费和农业开荒费、以租赁方式租入的固定资产改良工程支出等。

（二）新增资产价值的确定方法

1. 新增固定资产价值

新增固定资产价值是指投资项目竣工投产后所增加的固定资产价值，即交付使用的固定资产价值，是以价值形态表示建设项目的固定资产最终成果的综合性指标。新增固定资产价值的计算是以独立发挥生产能力的单项工程为对象。

（1）新增固定资产价值的构成

新增固定资产价值具体包括如下内容：

①已投入生产或交付使用的建筑安装工程价值，主要包括建筑工程费、安装工程费。

②达到固定资产标准的设备、工器具的购置费用。

③预备费，主要包括基本预备费和价差预备费。

④增加固定资产价值的其他费用，主要包括建设单位管理费、研究试验费、勘察设计费、工程监理费、联合试运转费、引进技术和进口设备的其他费用等。

⑤新增固定资产建设期间的融资费用，主要包括建设期利息和其他相关融资费用。

（2）新增固定资产价值的计算

确定新增固定资产价值应按照如下原则：对于一次交付生产的单项工程，计算新增固定资产价值时应一次完成；对于分期分批交付生产的单项工程，计算新增固定资产价值时应分批进行。

在计算时，应注意以下几种情况：

①对于为了提高产品质量、改善劳动条件、节约材料消耗、保护环境而建设的附属辅助工程，只要全部建成，正式验收交付使用后就要计入新增固定资产价值。

②对于单项工程中不构成生产系统，但能独立发挥效益的非生产性项目，如住宅、食堂、医务所、托儿所、生活服务网点等，在建成并交付使用后，也要计算新增固定资产价值。

③凡购置达到固定资产标准无须安装的设备、工器具，应在交付使用后计入新增固定资产价值。

④属于新增固定资产价值的其他投资，应随同受益工程交付使用的同时一并计入。

⑤交付使用财产的成本应按下列内容计算。

房屋、建筑物、管道、线路等固定资产的成本包括：建筑工程成果和待分摊的待摊投资；动力设备和生产设备等固定资产的成本包括：需要安装设备的采购成本，安装工程成本，设备基础、支柱等建筑工程成本或砌筑锅炉及各种特殊炉的建筑工程成本，应分摊的待摊投资。

运输设备及其他无须安装的设备、工具、器具、家具等固定资产一般仅计算采购成本，不计分摊的待摊投资。

⑥共同费用的分摊方法。新增固定资产的其他费用，如果是属于整个建设项目或两个以上单项工程的，在计算新增固定资产价值时，应在各单项工程中按比例分摊。一般情况下，建设单位管理费按建筑工程、安装工程、须按照设备价值总额等比例分摊，而土地征用费、地质勘察和建筑工程设计费等费用则按建筑工程造价比例分摊，生产工艺流程系统设计费按安装工程造价比例分摊。

（3）新增固定资产价值的作用

①能够如实反映企业固定资产价值的增减情况，确保核算的统一性、准确性。

②反映一定范围内固定资产的规模与生产速度。

③核算企业固定资产占用金额的主要参考指标。

④正确计提固定资产折旧的重要依据。

⑤分析国民经济各部门技术构成、资本有机构成变化的重要资料。

2. 新增流动资产价值的确定

（1）货币性资金

具体包括现金、银行存款以及其他类型的货币资金。现金为企业的库存现金，企业内部各部门用于周转的备用金也属于此范畴；银行存款为企业在不同类型银行的存款：其余的为其他类型的货币资金。对于此类流动资产应按照实际入账进行价值核算。

（2）应收及预付款项

应收款项指的是企业因向购货单位销售商品、向受益单位提供劳务而需要收取的款项；预付款项指的是企业依据购货合同需要预付给供货单位的购货订金或贷款。对于此类流动资产应根据企业销售商品或提供劳务的成交金额进行价值核算。

（3）短期投资

具体包括股票、债券、基金。股票和债券根据是否可以上市流通分别采用市场法和收益法进行价值核算。

（4）存货。

存货指的是企业的库存材料、在产品以及产成品等。应依据取得存货的实际成本进行价值核算。对于外购存货，其实际成本具体包括买价、运输费、装卸费、保险费、途中合理损耗，入库前加工、整理及挑选费用以及缴纳的税金等；对于自制存货，其实际成本为生产过程中的全部支出总和。

3. 新增无形资产价值的确定

在财政部和国家知识产权局的指导下，中国资产评估协会于 2008 年制定了《资产评估准则——无形资产》，自 2009 年 7 月 1 日起施行。根据上述准则规定，无形资产是指特定主体所拥有或者控制的，不具有实物形态，能持续发挥作用且能带来经济利益的资源。我国作为评估对象的无形资产通常包括专利权、专有技术、商标权、著作权、销售网络、客户关系、供应关系、人力资源、商业特许权、合同权益、土地使用权、矿业权、水域使用权、森林权益、商誉等。

（1）进行无形资产的价值核算时，应遵循以下原则：

①若投资方以资本金或合作条件的形式投入无形资产时，应采用评估确认或合同约定的金额进行核算。

②对于购置的无形资产，应依据具体支付的金额进行核算。

③由企业自行开发取得的无形资产，应依据开发过程中全部支出进行核算。

④对于企业接收捐赠获得的无形资产，应依据发票账单上的金额或同类无形资产的市场价进行核算。

⑤进行无形资产的价值核算时，须在其有效期内分期摊销，也就是说，企业为其支出的费用应在无形资产的有效期内得到补偿。

（2）无形资产的计价包括以下几种方法：

①专利权的计价。由于专利权是具有独占性并能带来超额利润的生产要素，因此，专利权转让价格不按成本估价，而是按照其所能带来的超额收益计价。

②专有技术（又称非专利技术）的计价。专有技术具有使用价值和价值，使用价值是专有技术本身应具有的；专有技术的价值在于专有技术的使用所能产生的超额获利能力，应在研究分析其直接和间接获利能力的基础上，准确计算出其价值。

③商标权的计价。如果商标权是自创的，一般不作为无形资产入账，而将商标设计、制作、注册、广告宣传等发生的费用直接作为销售费用计入当期损益。只有当企业购入或转让商标时，才需要对商标权计价。商标权的计价一般根据被许可方新增的收益确定。

④土地使用权的计价。根据取得土地使用权的方式不同，土地使用权可有以下几种计价方式：a. 当建设单位向土地管理部门申请土地使用权并为之支付一笔出让金时，土地使用权作为无形资产核算；b. 当建设单位获得土地使用权是通过行政划拨的方式，这时土地

使用权就不能作为无形资产核算，在将土地使用权有偿转让、出租、抵押、作价入股和投资，按规定补交土地出让价款时，才作为无形资产核算。

4. 新增其他资产价值的确定

（1）开办费的计价

开办费指的是筹建期间产生的费用，具体包括办公费、培训费、注册登记费、人员工资等未计入固定资产的费用以及不计入固定资产和无形资产购建成本的汇兑损益、利息支出。依据企业最新的会计制度，应先在长期待摊费用中归集筹建期间的费用，从企业开始生产的下个月开始，按照不少于 5 年的期限平均摊入管理费用中。

（2）固定资产大修理支出的计价

是指企业已经支出，但摊销期限在 1 年以上的固定资产大修理支出，应当将发生的大修理费用在下一次大修理前平均摊销。

（3）以经营租赁方式租入的固定资产改良支出的计价

是指企业已经支出，但摊销期限在 1 年以上的以经营租赁方式租入的固定资产改良支出，应当在租赁期限与租赁资产尚可使用年限两者较短的期限内平均摊销。

（4）特种物资、银行冻结存款和冻结物资、涉及诉讼的财产等的计价主要以实际入账价值核算。

第三节 质量保证金的处理

一、建设工程质量保证金的概念与期限

（一）保证金的含义

建设工程质量保证金，简称保证金，指的是发包人与承包人经协商在合同中约定，从工程款中预留出，用于支付在规定的质量保修期内对于建设工程出现的缺陷所发生的维修、返工等各项费用。缺陷是指建设工程质量不符合工程建设强制标准、设计文件，以及承包合同的约定。

（二）缺陷责任期及其期限

缺陷责任期是指承包人对已交付使用的合同工程承担合同约定的缺陷修复责任的期

限，其实质就是指预留质保金（保证金）的一个期限，具体可由发、承包双方在合同中约定。

缺陷责任期从工程通过竣（交）工验收之日起计算。由于承包人原因导致工程无法按规定期限进行竣工验收的，期限责任期从实际通过竣（交）工验收之日起计算。由于发包人原因导致工程无法按规定期限竣（交）工验收的，在承包人提交竣（交）工验收报告90天后，工程自动进入缺陷责任期。

缺陷责任期为发、承包双方在工程质量保修书中约定的期限。但不能低于《建设工程质量管理条例》要求的最低保修期限。《建设工程质量管理条例》对建设工程在正常使用条件下的最低保修期限的要求为：

1. 地基基础工程和主体结构工程，为设计文件规定的该工程的合理使用年限；
2. 屋面防水工程、有防水要求的卫生间、房间和外墙面的防渗漏为5年；
3. 供热与供冷系统为2个采暖期和供热期；
4. 电气管线、给排水管道、设备安装和装修工程为2年；
5. 其他项目的保修期限由承、发包双方在合同中规定。

建设工程的保修期，自竣工验收合格之日算起。

二、保证金预留比例及管理

（一）保证金预留比例

对于由政府参与投资的建设项目，保留金的预留比例应约占结算工程价款的5%。对于社会投资的工程项目，若在合同中约定了保证金的预留方式及比例，则据此执行。

（二）保证金预留

发包人应按照合同约定的质量保证金比例从结算款中扣留质量保证金。全部或者部分使用政府投资的建设项目，按工程价款结算总额5%左右的比例预留保证金，社会投资项目采用预留保证金方式的，预留保证金的比例可以参照执行。发包人与承包人应该在合同中约定保证金的预留方式及预留比例。建设工程竣工结算后，发包人应按照合同约定及时向承包人支付工程结算价款并预留保证金。

（三）保证金管理

在质量保修期内，对于由国库集中支付的政府投资项目，应依据国库集中支付的具体规定管理保证金。而其他政府投资项目，其保证金可由财政部门或发包人管理。若发包人被撤销，那么保证金及交付使用资产则转移给使用单位，使用单位履行原发包人的职责。

对于采用预留保证金方式的社会投资项目，其保证金可由金融机构代为管理；对于采用工程质量保证担保、工程质量保险等其他方式的社会投资项目，发包人不得再预留保证金，并按照有关规定执行。

（四）质量保证金的使用

承包人未按照合同约定履行属于自身责任的工程缺陷修复义务的，发包人有权从质量保证金中扣留用于缺陷修复的各项支出。若经查验，工程缺陷属于发包人原因造成的，应由发包人承担查验和缺陷修复的费用。

（五）质量保证金的返还

超出合同规定的质量保修期后，发包人应在 14 天内把未使用的质量保证金返还给承包人。即便承包人收到了保证金，其仍具有进行一定质量保修的责任和义务。

参考文献

[1] 蔡明俐，李晋旭 . 工程造价管理与控制 [M]. 武汉：华中科技大学出版社，2020.
[2] 玉小冰，左恒忠 . 建筑工程造价控制：第 2 版 [M]. 南京：南京大学出版社，2019.
[3] 王忠诚，齐亚丽，邹继雪 . 工程造价控制与管理 [M]. 北京：北京理工大学出版社，2019.
[4] 汪和平，王付宇，李艳 . 工程造价管理 [M]. 北京：机械工业出版社，2019.
[5] 郭俊雄，韩玉麒 . 建设工程造价 [M]. 成都：西南交通大学出版社，2019.
[6] 苏海花，周文波，杨青 . 工程造价基础 [M]. 沈阳：辽宁人民出版社，2019.
[7] 索玉萍，李扬，王鹏 . 建筑工程管理与造价审核 [M]. 长春：吉林科学技术出版社，2019.
[8] 李琳，郭红雨，刘士洋 . 建筑管理与造价审核 [M]. 长春：吉林科学技术出版社，2019.
[9] 李苗苗，温秀红，张红 . 工程造价软件应用 [M]. 北京：北京理工大学出版社，2019.
[10] 陈林，费璇 . 建筑工程计量与计价 [M]. 南京：东南大学出版社，2019.
[11] 王新武，孙犁，李凤霞 . 建筑工程概论 [M]. 武汉：武汉理工大学出版社，2019.
[12] 卢驰，白群星，罗昌杰 . 建筑工程招标与合同管理 [M]. 北京：中国建材工业出版社，2019.
[13] 郭阳明，肖启艳，郭生南 . 建筑工程计量与计价 [M]. 北京：北京理工大学出版社，2019.
[14] 陈淑珍，王妙灵，张玲玲 .BIM 建筑工程计量与计价实训 [M]. 重庆：重庆大学出版社，2019.
[15] 李华东，王艳梅，张璐 . 工程造价控制 [M]. 成都：西南交通大学出版社，2018.
[16] 申玲，戚建明，周静 . 工程造价计价：第 5 版 [M]. 北京：知识产权出版社，2018.
[17] 郭红侠，赵春红 . 建设工程造价概论 [M]. 北京：北京理工大学出版社，2018.
[18] 李伙穆，李栋，林沙珊 . 建筑工程计量与计价 [M]. 厦门：厦门大学出版社，2018.
[19] 陈雨，陈世辉 . 工程建设项目全过程造价控制研究 [M]. 北京：北京理工大学出版社，2018.
[20] 王占锋 . 建筑工程计量与计价 [M]. 北京：北京理工大学出版社，2018.

[21] 任彦华，董自才 . 工程造价管理 [M]. 成都：西南交通大学出版社，2017.

[22] 唐明怡，石志锋 . 建筑工程造价 [M]. 北京：北京理工大学出版社，2017.

[23] 程鸿群，姬晓辉，陆菊春 . 工程造价管理 [M]. 武汉：武汉大学出版社，2017.

[24] 陈建国 . 工程计量与造价管理：第 4 版 [M]. 上海：同济大学出版社，2017.

[25] 赫桂梅 . 建筑工程估价 [M]. 南京：东南大学出版社，2017.

[26] 赵三清，汪楠 . 建筑工程概预算 [M]. 南京：东南大学出版社，2017.

[27] 尤朝阳 . 建筑安装工程造价 [M]. 南京：东南大学出版社，2018.

[28] 赵媛静 . 建筑工程造价管理 [M]. 重庆：重庆大学出版社，2020.

[29] 孔德峰 . 建筑项目管理与工程造价 [M]. 长春：吉林科学技术出版社，2020.

[30] 关永冰，谷莹莹，方业博 . 工程造价管理 [M]. 北京：北京理工大学出版社，2020.